KB043330

고양이가 행복해지는 레시피

망고네
고양이밥상

국내 1호 자연식관리사 **박은정** 지음

단한권의책

머리말

사랑스러운 우리 고양이에게 무엇을 먹일까, 늘 마음 쓰이시죠?

반려동물도 사람과 마찬가지로 건강한 삶을 위해서는 건강한 음식을 섭취해야 합니다. 아무리 좋은 식품이 개발된다 해도 재료를 확인하며 직접 만든 음식과 비교할 수 없습니다. 정성을 가득 담아 만든 음식이야말로 진정한 반려동물 자연식이라고 할 수 있답니다.

저는 반려동물영양 전문가로 활동하는 펫영양사이자, 흔히 말하는 길냥이인 코숏들과 함께 생활하는 집사입니다. 저의 첫 번째 반려묘 비투는 길냥이 엄마에게서 태어난 아기 길냥이였습니다. 눈이 펑펑 내리던 2017년 2월, 망고네펫푸드 매장 뒷골목에서 비투를 처음 만난 순간을 잊을 수 없습니다. 비투의 엄마는 제가 밥을 주던 동네 길냥이였는데, 제가 만들어 준 집에서 비투를 낳았습니다. 추운 겨울날 온몸을 바들바들 떨면서 울던 비투의 눈망울을 보고 차마 지나칠 수 없어서 식구로 데려와 키우기 시작했습니다. 그게 벌써 3년이 되어가고 있군요. 길냥이로 태어난 비투가 영양이 부족한 아이로 자라지 않을까 하는 마음에 이유식을 시작할 때부터 주기적으로 자연식을 만들어 주었습니다. 정말 감사하게도 비투는 지금까지 병원신세 한번 진 적 없이 건강하게 자라서 제 옆을 지켜주고 있습니다.

억지로 만들 수 없는 고양이와의 인연을 '묘연'이라고 한다지요. 그렇게 특별한 인연으로 저에게 둘째인 투투가 오게 되었습니다. 투투 역시 길냥이 코숏 아이로, 동네를 방황하며 길에서 쓰레기를 주워 먹는 겁 많은 아이였습니다. 매장에 출근하면서 눈에 들어온 투투의 모습이 두 번, 세 번 볼 때마다 잊을 수 없어서 구조하여 둘째로 키우게 되었습니다. 아직도 투투는 겁이 많은 아이지만 자연식을 만들거나 간식을 만들 때면, 자기도 달라고 옆에서 야옹

야옹 울어대곤 합니다.

아이들에게 자연식을 만들어주면서 마음속으로 되뇌던 생각이 있습니다. 건강한 식재료가 지닌 본연의 힘에 반려동물영양에 대한 지식과 애정을 듬뿍 담아 만든 푸드를 먹으면 아이들이 건강할 것이라고 말이지요.

펫영양사로 활동하면서 저는 반려묘가 힘들게 만든 음식을 잘 먹지 않는다는 이유로 자연식을 쉽게 포기하는 경우를 심심치 않게 보았습니다. 고양이의 식이 관리를 어떻게 해야 할지 모르는 집사님들도 많이 만나보았고요. 고양이는 개와 달라서 같은 음식이라도 아이마다 다른 음식으로 받아들일 수 있습니다. 그렇기 때문에 단편적인 반응으로 자연식을 쉽게 포기하는 것은 고양이의 건강한 식습관을 아예 포기하는 것과 같습니다. 사람이 고양이와 친해지기까지 충분한 시간이 필요하듯, 고양이가 음식을 받아들이는 과정도 마찬가지입니다. 시간을 주면서 포기하지 말고 기다려야 하지요. 반려묘를 위한 자연식은 만드는 과정에서도 고양이에 대한 애정과 지식이 필요하지만, 그 이후에도 긴 기다림과 배려의 시간이 필요합니다. 이런 모든 과정을 느끼게 해주는 것은 강아지에게서는 찾아볼 수 없는 고양이만의 매력이기도 합니다.

앞으로 고양이와 함께 사는 집사님은 더욱 늘어날 것이고 이와 함께 고양이 푸드, 고양이 복지 등 다양한 분야가 함께 발전하리라 기대합니다. 모든 반려인들이 반려동물의 음식에 관심을 갖고 알아갈수록 반려동물의 건강한 삶이 더욱 확실하게 보장된다는 믿음은 비투를 처음 만난 날에도, 지금도 한결 같습니다.

비투와 투투, 망고와 베리를 키우면서, 펫영양사로서, 제가 알고 있는 반려동물의 영양에 대한 모든 정보를 되도록 많은 반려인들과 나누고 싶습니다. 이 책이 나오기까지 애써주신 많은 분들에게 감사의 인사를 전합니다. 또한 책에 담긴 레시피들을 맛있게 먹어줄 반려묘들과 집사님들 모두 항상 행복하길 기원합니다.

2020년 5월 박은정

contents

4 chapter 돼지고기를 활용한 자연식

5 chapter 양고기를 활용한 자연식

6 chapter 생선을 활용한 자연식

7 chapter 반려묘 자연식 Q & A

고양이가 자연식을
받아들일 때까지 배려하고 기다리자.
이 모든 과정을 느끼게 해주는 것이
고양이만의 매력이다.

1 chapter

반려묘 자연식을 시작하기 전에

1) 펫영양사가 알려주는 반려묘 자연식의 기초 2) 반려묘에게 해로운 식재료
3) 반려묘 자연식을 만들기 전 준비물 4) 반려묘 자연식에 사용하는 단백질
5) 반려묘 자연식, 더욱 똑똑하게 활용하는 비법 6) 고양이에게 필요한 영양소
7) 반려묘 자연식으로 전환하는 방법

 1) 펫영양사가 알려주는 반려묘 자연식의 기초

반려동물 자연식이란 사람이 섭취하는 식재료를 활용해 동물에게 적합하도록 영양을 설계하여 가정에서 손쉽게 만들어주는 반려동물의 식단을 말한다. 이 중 반려묘 자연식은 고양이에게 필요한 영양소를 바탕으로 만들어내는 '캣푸드'를 일컫는다.

기록에 의하면 고양이용 푸드는 오래전부터 늘 논란이 되어왔다. 전 세계의 많은 고양이들이 잘못된 음식으로 인해 집단 폐사하는 일이 발생했다는 기록도 있다. 예전에는 '고양이 밥'이라고 하면 잡다한 내용물에 육수를 넣고 가쓰오부시를 뿌리는 것이 전부였다. 하지만 이러한 식사는 고양이의 영양을 충족시키기에는 턱없이 부족하다. 그런데도 고양이들이 병에 많이 걸리지 않았던 이유에 대해 전문가들은 고양이가 집 밖을 자유롭게 왕래하면서 외부 음식으로 영양을 보충해 균형을 유지했다고 해석하기도 한다.

오늘날 고양이들은 개에 비해 푸드나 복지 등 다양한 분야에서 혜택을 받지 못하는 것이 현실이다. 특히 고양이는 영양상 탄수화물의 중요성이 개나 사람에 비해 낮지만, 사료나 일반 간식에 탄수화물을 적극 활용하는 경우가 많다. 여기에는 여러 가지 이유가 있겠지만 어떤 이유에서든 불필요한 영양소가 지나치게 제공되면 건강에 적신호가 올 것임을 충분히 예상할 수 있다. 이런 문제점을 보완하고 고양이가 건강하게 살아가도록 해주는 출발점이 반려묘 자연식이다.

대한민국에서 고양이에 대한 영양 정보를 접할 수 있는 루트는 아직 일부에 국한되어 있다. 그렇기에 고양이를 사랑하는 집사들은 정확한 정보를 얻지 못하고 혼란 속에서 임의로 고양이에게 음식을 제공하는 환경에 처해 있다. 하지만 집사 스스로 확신이 없거나 정확하지 않은 영양 정보를 반려묘에게 적용하면 오히려 더 큰 문제를 일으킬 수 있다. 반려묘를 위한 자연식은 집사의 취향으로 만드는 요리가 아니라, 고양이라는 동물의 특성을 고려해 설계하고 만드는 홈메이드 내추럴 푸드임을 잊지 말자.

무엇보다 보호자 스스로가 반려묘를 위해 공부하는 자세가 필요하다. 특히 고양이의 건강한 삶을 위해서는 영양소에 대한 공부를 게을리 하면 안 된다.

개와 달리 고양이의 자연식은 심플하고 단조로운 느낌이 들 수 있다. 바쁜 현대를 살아가는 집사들에게는 만드는 데 시간이 많이 걸리지 않아 더욱 부담 없이 캣푸드를 만들어 줄 수 있다. 반려묘 또한 천연 푸드를 접할 수 있기 때문에 보호자와 반려묘 모두에게 1석 2조가 된다.

그럼 반려묘 자연식을 시작하기에 앞서 꼭 알아두어야 할 고양이의 영양 상식에 대해 알아보자.

첫 번째, 수분에 민감한 고양이의 특성상 자연식을 시작하면 수분 공급이 매우 원활해진다. 고양이는 과거에 고독한 사막의 사냥꾼이었다. 그렇기 때문에 부족한 수분에도 적응할 수 있는 특성을 갖고 있지만, 현대 사회에서 수분 부족이 심하면 질환을 유발시키는 원인이 된다. 이런 고양이의 생활 요건에 맞춘 요즘의 자연식은 수분을 수월하게 공급하는 데 도움이 된다.

두 번째, 자연식을 시작하면 풀을 좋아하는 고양이의 특성을 살릴 수 있다. 그루밍을 하는 고양이는 자신의 의지와는 상관없이 털을 삼킨다. 체내로 들어간 털은 털 뭉치가 되어 '헤어볼'이라는 것을 만들어내는데, 이 헤어볼이 체내에 쌓이면 심각할 경우 사망으로 이어질 수 있다. 그렇기에 고양이는 헤어볼을 몸 밖으로 배출하기 위해 풀을 섭취하기도 한다. 이러한 고양이의 특성을 음식에 활용한 것이 자연식이다. 다양한 야채를 자연식에 적용하여 풀을 좋아하는 고양이의 특성을 살릴 수 있다.

세 번째, 고양이는 음식의 온도에 민감하다. 고양이는 차가운 음식보다 따뜻한 음식을 선호한다. 반려묘 자연식은 홈메이드로 즉석에서 만드는 푸드이기 때문에, 음식의 온도에 민감한 고양이에게 장점으로 작용할 수 있다. 하지만 너무 뜨거운 음식은 먹지 않기 때문에 사람이 만져봤을 때 약간 따뜻한 정도가 가장 적합하다.

네 번째, 부드러운 제형을 좋아하는 고양이에게는 자연식이 안성맞춤이다. 고양이는 딱딱한 음식보다 부드러운 식감의 음식을 좋아하는 경우가 많다. 자연식은 기본적으로 부드럽게 만드는 조리 방식으로서 고양이에게 적합하다. 하지만 고양이에 따라 크기에도 예민하게 반응할 수 있다. 반려묘가 좋아하는 크기에 맞게 재료를 손질할 필요가 있다.

다섯 번째, 화학 물질에 노출되는 것을 줄일 수 있다. 반려묘 자연식은 화학적인 인위 요소가 배제되기 때문에 원재료의 영양을 고스란히 제공할 수 있다. 화학적 요소가 배제된 식단을 꾸준히 급여하면 면역력과 질병에 대한 저항력이 길러진다.

여섯 번째, 신선도를 고려하자. 고양이는 신선하지 않은 음식은 좋아하지 않는다. 장기간 냉장 및 냉동 보관한 캣푸드를 주면 고양이가 먹지 않을 수 있다. 번거롭더라도 반려묘를 위해 즉석에서 요리해줄 것을 추천한다. 요리가 완성되기까지 발밑에서 기다리는 반려묘를 보면 또 다른 행복을 느낄 수 있을 것이다.

2) 반려묘에게 해로운 식재료

참치캔

사람이 즐겨 먹는 참치캔에는 나트륨과 지방이 지나치게 많이 함유되어 있다. 참치캔을 주기적으로 섭취할 경우 염증을 일으키거나 비타민B군의 결핍을 유발시켜 발작, 혼수 등 위험한 상황을 초래할 수 있다. 또한 황색 지방병이라는 질환을 유발시키기도 하므로 참치캔은 가급적 주지 않는다.

날생선

고양이는 생선을 좋아하는 동물로 알려져 있다. 하지만 날생선은 제외시켜야 한다. 익히지 않은 생선을 섭취하면 살모넬라균과 식중독균에 감염되어 고양이가 위험해질 수 있다.

육류의 뼈

장의 길이가 짧은 고양이가 육류 뼈를 먹으면 위험하므로 동물병원에 방문해야 한다. 음식물의 소화 시간 또한 장의 길이와 비례하여 짧기 때문에 육류 뼈가 고양이의 소화기계에 문제를 일으키는 데 걸리는 시간도 짧다.

마카다미아

고양이는 견과류를 쉽게 소화시키지 못한다. 특히 마카다미아는 신경과 근육에 부정적인 영향을 주는 견과류로, 균형 감각이 중요한 고양이에게 위험한 식재료이다.

아보카도

사람에게는 유익한 영양소가 풍부한 식재료이지만 고양이에게는 좋지 않다. 아보카도의 풍부한 지방을 고양이가 섭취하면 설사를 일으킬 수 있고, 심하면 췌장염에 노출될 수 있으니 주의하자.

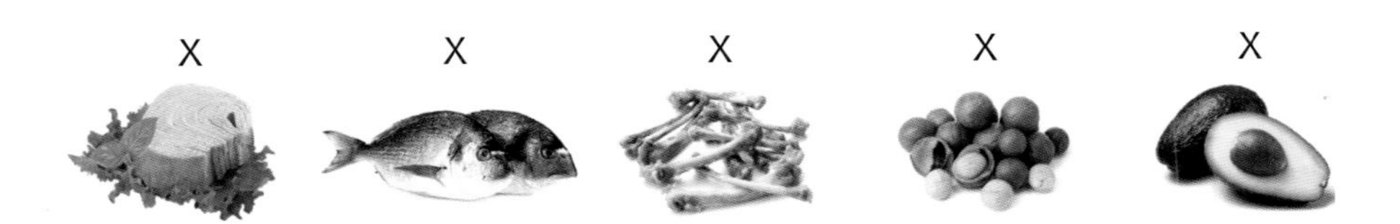

3) 반려묘 자연식을 만들기 전 준비물

반려묘 자연식을 만들기 전에 준비해야 하는 필수 도구와 재료를 소개한다. 미리 준비해서 반려묘에게 꾸준한 자연식을 만들어주자!

전자저울

식재료를 정확하게 계량하기 위해 반드시 필요하다. 사람에게 0.1g은 매우 적은 양이지만 반려묘에게는 영양을 좌우하는 수치가 되기도 한다. 그러므로 소수점 아래까지 표기되는 전자저울을 준비해서 재료를 준비하는 것이 좋다.

계량스푼

다양한 용량의 계량스푼이 필요하다. 가루와 액체류를 계량할 때 극히 적은 양은 전자저울에 수치로 표현되지 않는 경우가 있으므로 계량스푼을 이용하여 정확하게 계량한다.

난각파우더

달걀 껍데기로 만든 칼슘이 풍부한 파우더이다. 시중에서 구할 수 있으며 가정에서 직접 만들 수도 있다. 고양이 자연식에 사용되는 난각파우더는 최대한 곱게 갈아야 한다. 이물감이 들 정도로 만들면 식감에 민감한 고양이의 특성상 거부할 수 있다. 난각파우더를 사용하여 고양이 자연식에 칼슘을 더해보자.

타우린

타우린이 부족할 경우 고양이는 시력을 잃을 수 있다. 대부분의 저품질 사료와 푸드에는 타우린이 부족할 확률이 높다. 고양이용 타우린 보조제가 요즘 시판용으로 많이 나와 있는데, 고양이 자연식에 첨가하면 타우린 결핍을 예방하는 데 도움이 된다. 생선류와 닭 간 등의 내장이 포함되지 않은 레시피에 적극 활용해 보자.

4) 반려묘 자연식에 사용하는 단백질

닭고기

닭고기는 다루기 쉬운 재료로, 대표적인 단백질 식품이다. 특히 닭가슴살은 필수 아미노산이 풍부하여 고양이에게 매우 적합한 단백질원이다. 닭가슴살과 닭안심살 외에도 내장류, 연골 등을 활용하면 더불어 미네랄도 제공할 수 있다.

소고기

소고기는 고양이에게 좋은 영양소를 제공하는 식재료이다. 비타민A를 많이 필요로 하는 고양이에게 유익하다. 다만, 닭고기에 비해 기호성이 떨어질 수 있으므로 반려묘가 좋아하는 제형으로 만들어 주는 것이 좋다.

돼지고기

돼지고기는 비타민B군이 풍부하여 자양 강장에 도움이 되는 단백질 식품이다. 가격이 저렴한 편이며 가열하여 고양이 자연식에 활용할 수 있다. 단, 소고기에 비해 소화가 어려울 수 있다.

양고기

양고기는 지방 연소 효과가 있는 L-카르니틴이 풍부한 단백질원이다. 또한 비타민B1과 비타민B2가 풍부하고 철, 아연도 함유되어 있다. 음식물로 인한 알레르기 반응이 낮은 단백질원으로 육질이 부드러워 많은 고양이들이 좋아한다.

생선류

생선을 좋아하는 고양이는 생선을 메인으로 한 자연식을 좋아하는 경우가 많다. 육류와 마찬가지로 풍부한 단백질과 비타민, 미네랄이 함유된 주요 단백질원이다. 특히 꽁치나 고등어 같은 등푸른 생선의 몸통 가운데 살은 영양가가 높다.

5) 반려묘 자연식, 더욱 똑똑하게 활용하는 비법

변비를 앓는 고양이

고양이가 갑자기 변비에 걸리는 경우가 있다. 변비의 원인은 다양하다. 육식 동물인 고양이는 단백질에 대해 크게 예민한 반응을 보이지 않지만, 지나치게 섭취하면 변비가 생기기도 한다. 이때에는 양배추, 단호박, 고구마, 콩나물, 톳 등이 들어간 레시피를 활용하면 도움이 된다. 또는 육수를 첨가한 레시피를 선택해주는 것도 도움이 될 수 있다.

설사하는 고양이

고양이가 설사를 하면 지방이 적은 단백질로 구성된 레시피를 선택하는 것이 좋다. 닭고기나 소고기가 들어간 레시피를 선택해보자. 설사를 할 때 야채는 평소보다 더욱 잘게 다져주는 것이 좋다. 설사를 하면 탈수증을 겪기 쉽다. 이 책의 레시피 중 스프나 육수가 들어간 레시피를 선택하여 수분을 보충해주는 것도 도움이 된다.

비만인 고양이

다이어트 식단을 시작할 때 가장 중요한 것은 음식의 양을 갑자기 줄이면 오히려 더 위험해질 수 있다는 점이다. 음식 양을 서서히 줄여야 하는데, 그러기 위해서는 식사 양을 바꾸지 않고 지방부터 줄여나가는 것이 좋다. 칼로리가 낮은 식재료로 자연식을 만들면 급여 양이 많아져도 고양이에게 포만감을 채워주어 비만인 고양이에게 도움이 된다. 닭가슴살이나 대구, 녹황색 채소가 들어간 레시피를 활용하는 것도 도움이 된다.

노령의 고양이

노화가 시작되었음을 알리는 첫 번째 신호는 소화 흡수 기능이 약해진다는 점이다. 같은 양을 섭취해도 몸에서 받아들이는 영양소가 부족할 수 있다. 특히 지방은 노령의 고양이에게 부담이 될 수 있으므로 단백질을 높이되, 지방을 낮춘 자연식을 주는 것이 바람직하다. 또한 항산화 작용이 필요하기 때문에 야채가 들어간 식단을 주는 것이 좋다. 단, 내분비계 질환이 있는 반려묘에게는 야채가 다양하게 포함된 레시피를 추천하지 않는다.

아기 고양이

새끼 고양이에게는 이유식을 먹이면서 서서히 덩어리진 음식을 제공하는 것이 바람직하다. 이 점은 개와 비슷하다. 육류를 다져서 만드는 레시피를 적용하거나 달걀, 메추리알이 들어간 레시피를 활용하면 더욱 도움이 된다. 아기 고양이가 6개월이 지났다면 닭 연골이 들어간 레시피를 적용해보는 것도 좋다.

임신 수유 중인 고양이

임신 수유 중인 고양이는 평소보다 더 많은 열량과 영양소를 필요로 하기 때문에 음식을 충분히 제공하는 것이 좋다. 또한 칼슘 부족 현상이 나타날 수 있으므로 난각, 멸치, 생선이 들어간 레시피를 적용하는 것도 도움이 된다. 이 시기의 고양이에게는 철분의 역할이 매우 중요하므로 양고기나 소고기가 들어간 레시피를 적용하는 것도 영양상 바람직하다.

6) 고양이에게 필요한 영양소

반려묘의 건강을 위해서는 사람과 마찬가지로 균형 잡힌 식사가 매우 중요하다. 고기의 단백질뿐만 아니라 야채의 유익한 비타민과 미네랄 섭취를 하여 몸의 기능을 원활하게 해야 한다. 고양이에게 필요한 영양소에는 5가지가 있다.

단백질

단백질을 구성하는 원료를 아미노산이라고 한다. 아미노산은 고양이의 몸 근육을 만들고 호르몬이나 효소 등의 성분으로 사용되기도 된다. 아미노산 중에서 고양이에게 중요한 것은 타우린이다. 타우린이 부족하면 실명이나 심장 질환의 원인이 될 수 있다. 보통 동물성 단백질에 많이 포함되어 있기 때문에 육류나 생선 제공에 신경 써야 한다.

지방

고양이의 필수 지방산으로는 리놀레산, 알파-리놀렌산, 아라키돈산 3종류가 대표적이다. 이들은 체내에서 스스로 합성되지 않으므로 음식으로만 공급받을 수 있다. 피부와 생식 기능에 관여하기 때문에 식물성 기름과 동물성 기름을 골고루 제공할 필요가 있다.

식이섬유

식이섬유는 대장에 작용하여 고양이의 변비나 설사에 도움을 주는 영양소이다. 또한 헤어볼을 대변으로 원활하게 배출하도록 돕는다. 야채에 풍부하게 함유되어 있으므로 소량의 야채만 고양이에게 제공해도 충분히 작용할 수 있다.

비타민

고양이가 필요로 하는 비타민은 소량이지만 체내에서 스스로 합성되지 않기 때문에 음식을 통해 공급받아야 한다. 특히 비타민B는 음식으로 공급받아야 하는 중요한 비타민이다. 비타민A의 부족도 눈 건강에 영향을 미칠 수 있으므로 주의해야 하지만, 과잉이 문제가 되기도 하므로 주의가 필요하다.

미네랄

미네랄 중에서 고양이에게 중요한 성분은 칼슘, 마그네슘, 인이다. 미네랄은 함유량도 중요하지만 균형도 매우 중요하다. 편식을 하면 미네랄 불균형이 생길 수 있으므로 주의가 필요하다.

7) 반려묘 자연식으로 전환하는 방법

냄새에 민감한 고양이는 음식에 대한 호불호가 강하고 성격 또한 까다로운 편이다. 시중에 판매되는 캣푸드는 식욕을 증진시키기 위한 향을 첨가한 경우가 많아 고양이들이 좋아하는 편이다. 반면 홈메이드 자연식은 자연의 냄새에 가까워 선뜻 먹지 않을 수 있다.
자연식으로 전환하는 데 걸리는 시간은 고양이에 따라 다양하다. 그렇기에 고양이가 한두 번 먹지 않는다고 쉽게 포기하지 말고 꾸준히 시도하는 것이 중요하다.
갑자기 자연식으로 전환하면 고양이가 쉽게 소화하지 못하고 설사를 할 수 있으므로 지금까지 먹던 음식에 자연식을 조금씩 추가하여 전환시키는 것이 좋다. 사료를 자연식에 혼합하여 호기심을 유발시키고, 적응하기 시작하면 서서히 사료 양을 줄이는 것이 좋다. 가급적 거부감 없이 먹을 수 있도록 고양이가 선호하는 단백질 자연식을 먼저 시작하는 것이 좋다.

고양이가 자연식을
받아들일 때까지 배려하고 기다리자.
이 모든 과정을 느끼게 해주는 것이
고양이만의 매력이다.

2
chapter

닭고기를 활용한 자연식

1) 닭가슴살야채밥 2) 딸기닭가슴살구이 3) 닭안심감자샐러드 4) 혼합닭고기자연식
5) 쉬림프가지스프 6) 닭조림 7) 고양이야코동 8) 톳치킨특식 9) 닭가슴살스프
10) 미네랄듬뿍자연식 11) 치킨애호박부침 12) 두부카나페 13) 고양이카프리제
14) 양배추쌈 15) 장건강자연식 16) 치킨홍합특식 17) 영양가득특식 18) 닭발스프
19) 닭염통자연식 20) 닭안심미역캣밥 21) 닭간치즈버무리 22) 참외미역죽 23) 포테이토볼

닭가슴살야채밥

재료(g) / 몸무게(kg)	닭가슴살	멸치	양배추	당근	올리브유	난각
2	37	1	12	12	0.1	0.4
3	49	1	15	15	0.1	0.5
5	58	2	17	18	0.1	0.5
7	86	3	26	27	0.2	0.8

조리 과정

① 닭가슴살을 다진 후 물에 끓여 익힌 다음 육수를 남겨 둔다.
② 양배추와 당근을 작게 자르고 닭가슴살과 함께 섞어준다.
③ 내장을 손질한 멸치를 끓는 물에 익혀서 건져낸다.
④ 그릇에 ②와 ③을 담고 올리브유와 난각을 넣는다.
⑤ 육수는 고양이의 취향에 따라 첨가한다.

포인트 재료

멸치는 칼슘뿐만 아니라 비타민D가 풍부한 단백질원이다. 내장을 손질하고 끓여서 염분을 제거한 후에 오븐에 구우면 고양이 간식으로 좋다.

2 딸기닭가슴살구이

재료(g) / 몸무게(kg)	닭가슴살	딸 기	병아리콩	목이버섯	올리브유	난 각
2	33	8	4	3	0.1	0.3
3	40	10	5	4	0.1	0.4
5	48	11	6	5	0.1	0.5
7	71	17	9	7	0.2	0.7

조리 과정

① 닭가슴살을 겉면이 하얗게 될 정도로 구워준다.
② 목이버섯을 잘게 다져서 병아리콩과 함께 충분히 익힌다.
③ 딸기를 으깨고 뭉개어 둔다.
④ 그릇에 구운 닭가슴살과 목이버섯, 병아리콩을 올리고 으깬 딸기를 소스처럼 올려준다.
⑤ 올리브유와 난각을 넣는다.

포인트 재료

고양이는 체내에서 다양한 비타민을 필요로 하는데, 여러 비타민을 함유한 대표적인 과일이 딸기이다. 고양이의 특성상 딸기에 대한 기호성이 다소 낮지만 건강을 고려하여 딸기를 조금씩 주면 도움이 된다.

3 닭안심감자샐러드

몸무게(kg) \ 재료(g)	닭안심살	가쓰오부시	감자	멜론	올리브유	난각
2	41	6	10	20	0.1	0.2
3	51	8	12	24	0.1	0.2
5	60	9	14	28	0.1	0.2
7	89	13	20	42	0.2	0.4

조리 과정

① 닭안심살을 겉면이 하얗게 변할 때까지 익히고 깍둑썰기 한다.
② 감자를 갈아서 ①의 육수에 넣고 익힌다.
③ 익힌 감자에 닭안심살을 넣고 멜론을 작게 잘라 넣는다.
④ ③을 그릇에 담고 가쓰오부시와 올리브유, 난각을 넣는다.

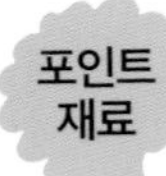

포인트 재료

닭안심살은 닭가슴살보다 신장에 도움이 되는 재료이다. 신장이 약한 고양이에게 적용하면 신장에 부담이 덜하다. 또한 육질이 닭가슴살보다 부드러워 고양이의 기호성을 높일 수 있다.

혼합닭고기자연식

몸무게(kg) \ 재료(g)	닭가슴살	닭연골	멸치	아스파라거스	브로콜리	참기름	난각
2	24	21	0.7	23	20	0.1	0.3
3	32	26	0.9	29	24	0.1	0.4
5	38	31	1	34	29	0.1	0.5
7	56	46	1.6	51	43	0.2	0.7

조리 과정

① 닭가슴살을 겉면이 하얗게 될 때까지 끓는 물에 익혀 다진 다음 육수를 남겨놓는다.
② 닭연골을 손질하여 작게 자른다.
③ 아스파라거스와 브로콜리를 먹기 좋게 자르고 데친다.
④ 내장을 손질한 멸치를 끓는 물에 익힌다.
⑤ 그릇에 완성된 재료를 담고 참기름과 난각을 넣는다.
⑥ 고양이의 취향에 따라 육수를 첨가한다.

포인트 재료

개와 달리 고양이에게는 딱딱한 종류의 음식이 좋지 않다. 이런 고양이의 특성을 고려한 식재료가 닭연골이다. 닭연골은 뼈 부위지만 부드러우므로 이빨이 약한 고양이에게도 적용할 수 있다. 뼈 건강에 도움을 주며, 특히 성장기 고양이의 관절 관리에 유용하다.

쉬림프가지스프

재료(g) / 몸무게(kg)	닭안심살	새우파우더	토마토	새송이	가지	아마씨유	난 각
2	47	1	32	16	16	0.1	0.1
3	58	1.3	39	20	20	0.1	0.1
5	69	1.5	46	24	24	0.1	0.1
7	102	2	69	35	35	0.2	0.2

조리 과정

① 닭안심살을 갈아서 새우파우더를 버무린 다음 물을 넣고 익힌다.
② 새송이와 가지를 작게 자른다.
③ 토마토 껍질을 벗긴 후 으깨서 가열한다.
④ ③에 ②를 넣고 익힌 다음, ①을 넣는다.
⑤ ④를 그릇에 담고 아마씨유와 난각을 토핑 한다.

포인트 재료

수분을 많이 함유한 가지는 고양이의 수분 보충에 도움이 된다. 적은 양으로도 충분한 영양을 제공할 수 있으므로 캣푸드에 소량씩 첨가하면 유용하다.

6 닭조림

몸무게(kg) \ 재료(g)	닭가슴살	황 태	토 란	당 근	아마씨유	난 각
2	24	8	10	12	0.1	0.2
3	30	10	13	15	0.1	0.3
5	35	12	15	18	0.1	0.4
7	52	17	23	27	0.2	0.5

조리 과정

① 닭가슴살을 겉면이 하얗게 될 때까지 익힌 다음 육수를 남겨 둔다.
② 토란을 갈아서 준비하고 당근을 작게 자른다.
③ 황태를 끓는 물에 한번 익힌 다음 작게 잘라 준비한다.
④ ①의 육수에 ②를 넣고 졸인다.
⑤ ④에 닭가슴살과 황태를 넣어 그릇에 담고 아마씨유와 난각을 첨가한다.

황태는 염분을 제거하여 준비한다. 고양이는 크기가 큰 음식을 선호하지 않으므로 염분이 제거된 황태를 잘게 부수어 후레이크처럼 만들면 간식으로 좋다. 황태는 고양이의 영양 강화에 도움이 된다.

고양이야코동

몸무게(kg) \ 재료(g)	닭가슴살	멸치	달걀	완두콩	양상추	올리브유	난각
2	30	5	11	3	21	0.1	0.1
3	37	6	14	4	26	0.1	0.2
5	44	8	16	5	31	0.1	0.2
7	65	11	24	7	46	0.2	0.3

조리 과정

① 닭가슴살을 깍둑썰기 하여 익힌다.
② 완두콩과 양상추를 다진다.
③ 손질한 멸치를 끓는 물에 익힌다.
④ 달걀과 물을 혼합하여 냄비에 끓인 후 ②를 넣는다.
⑤ 그릇에 ④를 담고 닭가슴살과 멸치를 올린 후, 올리브유와 난각을 첨가한다.

양상추는 수분이 풍부하여 평소 물을 잘 먹지 않는 고양이에게 수분을 보충해줄 수 있다. 변비로 고생하는 고양이에게 매우 유용하다. 소량씩 제공해야 하며 가열하지 않고 급여해도 괜찮은 재료이다.

8 톳치킨특식

재료(g) / 몸무게(kg)	닭안심살	새 우	톳	당 근	팽이버섯	올리브유
2	35	12	16	15	26	0.1
3	43	15	20	18	32	0.1
5	52	18	24	22	38	0.1
7	76	27	36	32	56	0.2

조리 과정

① 닭안심살을 겉면이 하얗게 될 때까지 익히고 육수를 남겨 둔다.
② 새우살을 팬에 굽는다.
③ 톳과 팽이버섯을 다져서 준비하고 당근을 갈아준다.
④ ①의 육수에 톳과 팽이버섯을 넣고 익힌 다음, 갈아 둔 당근을 넣는다.
⑤ 그릇에 ④를 담고 닭안심살과 새우를 올린 후 올리브유를 넣는다.

포인트 재료

톳은 칼슘과 미네랄이 풍부한 재료이다. 미네랄이 부족하면 다양한 질병에 노출되는 고양이에게 칼슘과 미네랄을 보충해줄 수 있다. 단, 고양이의 변에서 톳이 그대로 나올 경우, 소화가 되지 않은 것일 수 있으므로 이럴 때는 분말로 처리해 활용하는 것이 좋다.

9 닭가슴살스프

몸무게(kg) \ 재료(g)	닭가슴살	가쓰오부시	브로콜리	셀러리	오트밀파우더	올리브유	난 각
2	48	3	14	22	2	0.1	0.3
3	60	4	17	28	3	0.1	0.3
5	71	4	21	33	3	0.1	0.4
7	105	6	31	49	4	0.2	0.6

조리 과정

① 닭가슴살을 1cm 크기로 자른 후 겉면이 익을 때까지 굽는다.
② 브로콜리와 셀러리를 익힌 후 다진다.
③ 오트밀파우더에 물을 넣고 걸쭉하게 익힌 후 ②를 넣는다.
④ 그릇에 ③을 담고 닭가슴살을 혼합한 후 가쓰오부시를 올린다.
⑤ 올리브유와 난각을 첨가한다.

포인트 재료

고양이는 의외로 변비에 걸리는 경우가 많은데, 식이섬유가 풍부한 셀러리를 조금씩 주면 변비를 완화시키는 데 도움이 된다. 셀러리는 고유의 향 때문에 고양이마다 호불호가 나눠진다.

10 미네랄듬뿍자연식

몸무게(kg) \ 재료(g)	닭안심살	닭 간	배 추	콩나물	상 추	파슬리가루	참기름
2	23	21	45	7	8	0.5	0.1
3	29	25	56	8	10	0.6	0.1
5	34	30	67	10	12	0.7	0.1
7	51	45	98	15	18	1	0.2

조리 과정

① 닭안심살을 겉면이 하얗게 변할 때까지 물에 익히고, 육수를 남겨 둔다.
② 닭 간을 한입 크기로 자른 후 충분히 익힌다.
③ 배추, 콩나물, 상추를 다져서 삶는다.
④ 그릇에 ②와 ③을 담고 닭안심살을 올린 후, 파슬리가루와 참기름을 뿌린다.

포인트 재료

닭 간은 미네랄이 풍부한 단백질 식품이다. 고양이에게 장기류는 추가적으로 챙겨주면 좋은 단백질원이 된다. 특히 타우린과 같은 필수 영양소가 풍부하게 함유되어 있으므로 고양이 자연식에 적극 활용할 것을 추천한다.

11 치킨애호박부침

몸무게(kg) \ 재료(g)	닭가슴살	닭 간	배 추	애호박	요거트	올리브유	난 각
2	37	4	22	18	소량	0.1	0.4
3	46	6	28	22	소량	0.1	0.4
5	55	7	33	27	소량	0.1	0.5
7	81	10	49	40	소량	0.2	0.8

조리 과정

① 닭가슴살과 닭 간을 다져서 익힌다.
② 배추를 다져서 준비한다.
③ ①과 ②를 혼합한다.
④ 애호박을 원형으로 자른 후 속을 제거하고 ③을 채운다.
⑤ 팬에 올리브유를 넣고 ④를 굽는다.
⑥ 완성된 재료를 그릇에 담고 요거트와 난각을 첨가한다.

배추는 식이섬유가 풍부하여 고양이의 변비 완화에 도움을 준다. 그루밍을 하는 고양이는 헤어볼로 인해 다양한 질병에 노출될 수 있는데 이런 경우에 도움을 준다. 제철 배추를 활용하면 영양 가치가 더욱 높다.

12 두부카나페

몸무게(kg) \ 재료(g)	닭안심살	가쓰오부시	두 부	만송이버섯	콩나물	올리브유	난 각
2	41	6	8	16	11	0.1	0.2
3	51	7	9	20	14	0.1	0.3
5	60	9	11	24	17	0.1	0.3
7	89	13	17	36	25	0.2	0.5

조리 과정

① 닭안심살을 겉면이 하얗게 변할 때까지 익힌 후 작게 자른다.
② 두부를 끓는 물에 데친 후 2cm 크기로 자른다.
③ 콩나물과 만송이버섯을 작게 다져서 올리브유를 넣고 익힌다.
④ 그릇에 두부를 담아 닭안심살과 ③을 올린 후 가쓰오부시와 난각을 첨가한다.

포인트 재료

두부는 칼로리가 낮은 식재료이다. 또한 단백질이 꼭 필요한 고양이에게 두부의 콩 단백질은 다양한 단백질군을 제공하는 데 도움이 된다. 두부와 야채를 혼합한 식단을 고양이에게 제공하면 비타민을 충분히 공급할 수 있다. 하지만 육식동물인 고양이에게는 가끔 특식 재료로 활용하는 것이 좋다.

13 고양이카프리제

몸무게(kg) \ 재료(g)	닭안심살	멸 치	연두부	토마토	새싹채소	올리브유
2	35	5	12	36	7	0.1
3	43	6	15	45	8	0.1
5	52	8	18	53	10	0.1
7	76	11	27	79	15	0.2

조리 과정

① 닭안심살을 겉면이 하얗게 변할 때까지 익혀서 준비한다.

② 토마토 껍질을 벗긴 후 둥글게 자른다.

③ 내장 손질이 완료된 멸치를 끓는 물에 익힌 후 연두부에 버무린다.

④ 그릇에 토마토와 닭안심살, ③을 순서대로 담는다.

⑤ 새싹채소와 올리브유를 첨가한다.

포인트 재료

새싹채소는 고양이 몸에 유익한 비타민과 미네랄이 풍부한 식재료이다. 평소 풀을 좋아하는 고양이라면 새싹채소를 생으로 조금씩 주는 것도 영양에 도움이 된다. 단, 너무 많은 양을 공급하면 식이섬유가 일시적으로 과량 섭취되어 설사를 일으킬 수 있으니 주의한다.

14 양배추쌈

몸무게(kg) \ 재료(g)	닭가슴살	가쓰오부시	양배추	파프리카	오 이	아마씨유	난 각
2	48	6	12	6	16	0.1	0.3
3	60	7	15	7	20	0.1	0.4
5	71	9	17	9	24	0.1	0.4
7	105	13	26	13	36	0.2	0.7

조리 과정

① 닭가슴살을 겉면이 하얗게 변할 때까지 익히고 육수를 남겨둔다.
② 파프리카와 오이를 잘게 다진 다음 ①의 육수에 넣어 익힌다.
③ 양배추를 다른 재료를 감쌀 정도의 크기로 자른 후 삶는다.
④ ③에 닭가슴살, 파프리카, 오이를 넣고 말아준다.
⑤ 그릇에 담고 가쓰오부시와 아마씨유, 난각을 토핑 한다.

포인트 재료

비타민과 수분이 풍부한 파프리카는 고양이에게 유익한 식재료이다. 빨간 파프리카는 매운 맛이 있어 음식에 예민한 고양이에게 자극적일 수 있으므로, 매운 맛이 약한 노란 파프리카를 사용하는 것이 좋다. 파프리카를 좋아하는 고양이가 의외로 많은데 생으로 적은 양을 간식으로 주면 좋다.

15 장건강자연식

몸무게(kg) \ 재료(g)	닭안심살	다시마	오 이	양상추	참기름	난 각
2	47	7	27	21	0.1	0.1
3	58	8	34	26	0.1	0.2
5	69	10	40	30	0.1	0.2
7	102	15	60	46	0.2	0.3

조리 과정

① 닭안심살을 겉면이 하얗게 변할 때까지 끓는 물에 익히고 육수를 남겨 둔다.

② 오이와 다시마를 작게 잘라 준비한다.

③ ①의 육수에 ②를 넣고 익힌 후 그릇에 담아낸다.

④ 양상추를 작게 자른 후 ③에 넣고 닭안심살을 올린다.

⑤ 참기름과 난각을 첨가한다.

포인트 재료

수분이 부족한 고양이에게 오이를 주면 좋다. 오이는 미네랄이 풍부하게 함유되어 나트륨 배출에 도움이 된다. 오이를 좋아하는 고양이는 의외로 많다. 그러나 지나치게 많이 주면 변이 묽어질 수 있으니 적당량을 주는 것이 좋다.

16 치킨홍합특식

재료(g) / 몸무게(kg)	닭안심살	홍합	낫토	당근	콜리플라워	올리브유	난각
2	41	9	4	7	32	0.1	0.2
3	51	11	5	9	39	0.1	0.2
5	60	13	6	11	46	0.1	0.2
7	89	20	8	16	69	0.2	0.4

조리 과정

① 닭안심살은 겉면이 하얗게 변할 때까지 익힌다.
② 홍합을 끓는 물에 익히고 육수를 남겨 둔다.
③ 당근과 콜리플라워를 먹기 좋게 자른 후 ②의 육수에 낫토와 함께 넣은 다음 익힌다.
④ 그릇에 ②를 넣고 닭안심살을 올린다.
⑤ 올리브유와 난각을 첨가한다.

포인트 재료

낫토와 같은 발효 식품을 적게 넣으면 훌륭한 캣푸드를 만들 수 있다. 장이 짧아 소화 문제가 많은 고양이의 특성상 낫토는 소화 효소 활성에 도움을 준다. 소화기가 약한 고양이에게는 으깨서 주도록 한다.

17 영양가득특식

몸무게(kg) \ 재료(g)	닭가슴살	모래주머니	톳	파프리카	참기름
2	23	23	27	15	0.1
3	29	29	34	19	0.1
5	34	34	40	22	0.1
7	50	50	60	33	0.2

조리 과정

① 모래주머니를 작게 자른 후 끓는 물에 충분히 익혀서 준비한다.
② 닭가슴살을 깍둑썰기 하여 겉면이 하얗게 변할 때까지 익힌다.
③ 파프리카를 갈고 다진 다음 함께 톳을 넣고 익힌다.
④ 그릇에 ①을 담고 ③을 부은 다음, 닭가슴살을 올리고 참기름을 넣는다.

포인트 재료

닭의 모래주머니는 평소에 접하지 않는 영양소를 공급하는 데 유용하다. 단, 완전히 익히지 않은 상태에서는 소화기관에 문제를 일으킬 수 있으므로 가열에 주의하고 확실히 살균한 후에 준다.

18 닭발스프

재료(g) / 몸무게(kg)	닭 발	가쓰오부시	당 근	셀러리	검은깨	올리브유
2	29	3	12	45	0.1	0.1
3	35	3	15	56	0.1	0.1
5	42	4	18	67	0.1	0.1
7	62	6	27	98	0.2	0.2

조리 과정

① 닭발을 끓는 물에 넣고 하얗게 변할 때까지 우려 육수를 만든다.
② 닭발의 뼈를 제거하고 살만 발라내서 ①에 넣는다.
③ 당근과 셀러리를 작게 다져서 ①에 넣고 졸인다.
④ 그릇에 담아내고 가쓰오부시와 검은깨, 올리브유를 올린다.

포인트 재료

닭발에 함유된 콜라겐은 고양이의 피부 건강에 도움이 된다. 뼈가 없는 닭발은 간식으로 활용하기에 좋고, 고양이의 영양을 보충해준다. 고양이의 기호에 따라 크기를 조절하여 요리하자.

19 닭염통자연식

몸무게(kg) \ 재료(g)	닭가슴살	닭 심장	당 근	목이버섯	올리브유	난 각
2	18	16	10	2	0.1	0.2
3	23	20	12	3	0.1	0.3
5	27	24	14	3	0.1	0.4
7	40	36	21	5	0.2	0.5

조리 과정

① 닭 심장과 닭가슴살을 얇게 자른다.
② 닭 심장을 올리브유와 함께 완전히 익을 때까지 굽는다.
③ 닭가슴살을 겉면이 하얗게 변할 때까지 굽는다.
④ 당근과 목이버섯을 갈아서 익힌다.
⑤ 그릇에 닭 심장과 닭가슴살을 담고 ④를 소스처럼 올린 후, 난각을 첨가한다.

포인트 재료

당근은 비타민A가 풍부하게 함유되어 개와 사람에게 매우 유익하고, 고양이가 먹어도 되는 야채이다. 하지만 고양이는 동물성 비타민A가 우선 필요하기 때문에 당근에 함유된 식물성 비타민A는 개와 같이 많은 효과를 주지는 못한다. 소화가 어려울 수 있으므로 완전히 익혀서 준다.

20 닭안심미역캣밥

몸무게(kg) \ 재료(g)	닭안심살	건미역	양배추	라즈베리	올리브유	난 각
2	47	3	12	15	0.1	0.1
3	58	4	15	18	0.1	0.1
5	69	5	17	21	0.1	0.1
7	102	6	26	32	0.2	0.2

조리 과정

① 양배추와 건미역을 다져서 끓는 물에 익힌다.
② 닭안심살을 작게 자른 후 겉면이 하얗게 변할 때까지 익혀 둔다.
③ ②에 ①과 올리브유를 넣고 버무린다.
④ 그릇에 ③을 담고 라즈베리를 작게 잘라서 난각과 함께 올린다.

포인트 재료

라즈베리는 심장과 혈관에 도움이 되는 식재료이다. 하지만 고양이는 베리류를 지나치게 많이 먹으면 소화기 질환에 노출될 수 있으므로 조금씩 줘야 한다. 사료에도 라즈베리가 함유된 제품이 많은데, 적은 양이 첨가된 경우가 대부분이므로 안심하고 줘도 된다. 이 레시피에서도 라즈베리는 소량 사용하고 있는데, 반드시 용량을 지키도록 한다.

21 닭간치즈버무리

몸무게(kg) \ 재료(g)	닭가슴살	닭 간	무염치즈	검은콩	토마토	근 대	올리브유	난 각
2	30	9	7	4	18	23	0.1	0.2
3	37	11	9	5	22	28	0.1	0.2
5	44	13	10	6	26	34	0.1	0.3
7	65	20	16	9	39	50	0.2	0.4

조리 과정

① 닭가슴살을 표면이 하얗게 변할 때까지 익힌다.
② 닭 간을 작게 잘라서 완전히 익힌다.
③ 검은콩을 끓는 물에 익히고 근대를 작게 잘라서 검은콩이 거의 익었을 때 넣는다.
④ 토마토를 한입 크기로 자른 다음 올리브유와 혼합한다.
⑤ 닭 간과 무염치즈를 버무린 후 그릇에 담고, 닭가슴살과 ③, ④를 올린 다음 난각을 넣는다.

닭고기와 치즈는 서로 영양에 시너지를 주는 베스트 콤비 재료이다. 닭가슴살과 치즈, 닭 간과 치즈를 혼합해 사용해도 좋다. 치즈는 나트륨이 없는 무염치즈를 사용하도록 하자.

22 참외미역죽

재료(g) / 몸무게(kg)	닭가슴살	건미역	새 우	무	파슬리가루	참 외	참기름
2	36	2	10	26	1	17	0.1
3	45	2	13	32	1	21	0.1
5	53	3	15	38	2	25	0.1
7	78	4	23	56	3	37	0.2

조리 과정

① 참외를 씨와 껍질을 제거하고 과육을 갈아놓는다.
② 닭가슴살을 겉면이 하얗게 변할 때까지 익히고 새우 살을 완전히 익힌다.
③ 무와 미역을 작게 잘라서 익힌다.
④ 냄비에 ①을 담고 살짝 끓인 후 ②와 ③을 넣고 혼합한다.
⑤ 그릇에 담고 파슬리가루를 토핑 한 후 참기름을 올린다.

참외는 고양이에게 이뇨 작용을 하는 과일 중의 하나이다. 비뇨기계 질환에 노출이 많은 고양이과 동물에게 매우 도움이 된다. 간식으로 좋지만 씨는 깨끗하게 발라내고 과육만 제공한다.

23 포테이토볼

몸무게(kg) \ 재료(g)	닭가슴살	가쓰오부시	감자	애호박	올리브유	난각
2	37	3	9	18	0.1	0.4
3	46	4	11	22	0.1	0.5
5	55	4	13	27	0.1	0.6
7	81	6	19	40	0.2	0.8

조리 과정

① 닭가슴살을 다져서 익힌다.
② 감자를 삶아서 으깨고 애호박을 다져서 익힌다.
③ ②에 ①을 넣고 올리브유를 첨가한 후 동그랗게 빚는다.
④ 그릇에 담고 가쓰오부시와 난각을 올린다.

포인트 재료

애호박은 칼로리가 낮아 고양이의 소화에 부담이 적은 재료 중 하나이다. 따라서 비만인 고양이에게 포만감을 채워주면서 칼로리가 낮아 다양하게 활용할 수 있다. 완전하게 익혀서 제공하는 것이 좋다.

대부분의 고양이는 닭고기를 좋아한다. 특히 좋아하는 부위는 닭가슴살과 닭안심이다. 닭고기에 풍부한 필수 아미노산은 단백질이 필요한 고양이에게 매우 유익하다. 완전하게 익혀도 좋고, 반만 익혀서 주어도 손색없는 식재료로, 연령대나 계절에 상관없이 활용할 수 있다. 닭가슴살보다 닭안심은 육질이 더욱 부드러워 노령의 고양이에게 추천한다. 이 책에 실린 것처럼 닭안심과 닭가슴살은 다양한 자연식으로 활용할 수 있고, 홈메이드 수제간식으로도 좋다. 닭가슴살이나 닭안심을 오븐에 노릇노릇하게 구워내는 것만으로도 고양이에게는 훌륭한 간식이 될 수 있다. 완전하게 익힌 닭가슴살을 곱게 갈아서 스프를 만들면 영양 만점 특식으로 좋다.

고양이가 자연식을
받아들일 때까지 배려하고 기다리자.
이 모든 과정을 느끼게 해주는 것이
고양이만의 매력이다.

3
chapter

소고기를 활용한 자연식

1) 삼색스테이크 2) 소고기큐브특식 3) 고양이야채죽 4) 소고기황태영양식
5) 홍합치즈덮밥 6) 소고기달걀스페셜 7) 찹스테이크 8) 떡갈비 9) 팽이버섯말이
10) 홍합애플스튜 11) 소고기장조림

삼색스테이크

몸무게(kg) \ 재료(g)	소고기	멸치	단호박	셀러리	당근	아마씨유
2	37	2	26	22	12	0.1
3	46	3	32	28	15	0.1
5	55	4	38	33	18	0.1
7	81	5	56	49	27	0.2

조리 과정

① 소고기를 겉면이 하얗게 변할 때까지 팬에 굽는다.
② 내장을 손질한 멸치를 끓는 물에 익힌다.
③ 단호박과 셀러리, 당근을 각각 갈아서 따로 익힌다.
④ 그릇에 소고기와 ③을 순서대로 올린 다음, 멸치와 아마씨유를 토핑 한다.

소고기는 고양이의 위장을 튼튼하게 해주고 소화 흡수가 비교적 쉬운 단백질 식품이다. 지방이 없는 홍두깨살을 사용하는 것이 좋다. 홍두깨살이 없을 경우 소등심이나 안심을 사용해도 좋다.

② 소고기큐브특식

몸무게(kg) \ 재료(g)	소고기	가쓰오부시	사 과	브로콜리	요거트	캣 잎	올리브유	난 각
2	43	3	7	14	소량	소량	0.1	0.2
3	52	3	8	17	소량	소량	0.1	0.3
5	62	4	10	21	소량	소량	0.1	0.4
7	92	6	15	31	소량	소량	0.2	0.5

조리 과정

① 소고기를 정사각형으로 작게 자른 후 겉면이 하얗게 변할 때까지 익힌다.

② 사과와 브로콜리를 작게 잘라 두고 끓는 물에 익힌다.

③ 요거트에 올리브유를 넣고 혼합해 둔다.

④ 그릇에 소고기와 ②를 담고 ③을 올린 후 가쓰오부시와 캣잎, 난각을 올린다.

포인트 재료

요거트는 반드시 무첨가 플레인이나 반려동물용을 사용해야 한다. 반려동물용 요거트는 우유보다 칼슘이 많고 유당이 분해되어 안전한 캣푸드이다. 고양이가 입맛이 없거나 새로운 간식을 주고 싶은 날 활용하면 좋다.

고양이야채죽

몸무게(kg) \ 재료(g)	소고기	디포리	당 근	새싹채소	파슬리가루	오트밀파우더	올리브유	난 각
2	43	2	7	3	0.2	7	0.1	0.3
3	52	3	9	4	0.3	8	0.1	0.4
5	62	4	11	5	0.4	10	0.1	0.4
7	92	5	16	7	0.5	14	0.2	0.7

조리 과정

① 디포리를 끓는 물에 삶아놓는다.
② 오트밀파우더에 물을 넣고 끓인다.
③ 소고기, 당근, 새싹채소를 갈아서 ②에 넣고 익힌다.
④ ③이 걸쭉해지면 그릇에 담고 디포리를 올린다.
⑤ 파슬리가루와 올리브유, 난각을 첨가한다.

포인트 재료

고양이의 식단에서 곡류의 비율이 높으면 타우린이 결핍되기 쉽다. 따라서 곡류의 비율이 높은 음식은 주지 않는 것이 바람직하다. 이 레시피에서도 오트밀이 들어가지만 소량을 사용하고 있다. 요리할 때 반드시 용량에 주의하자.

소고기황태영양식

몸무게(kg) \ 재료(g)	소고기	황태	두부	배추	당근	올리브유	난각
2	21	4	16	45	7	0.1	0.2
3	26	5	19	56	9	0.1	0.2
5	31	6	23	67	11	0.1	0.3
7	46	9	34	98	16	0.2	0.4

조리 과정

① 황태와 두부를 끓는 물에 익혀서 염분을 제거하고 작게 자른다.
② 소고기를 겉면이 하얗게 될 때까지 익힌다.
③ 배추와 당근을 한입 크기로 잘라 익힌다.
④ 그릇에 ①을 담고 ②와 ③을 올린 후 올리브유와 난각을 첨가한다.

포인트 재료

자연식은 고양이의 식욕 증진에 도움을 준다. 냉장 기준 3일, 냉동 기준 7일 정도가 신선도 유지에 좋다. 반드시 데워서 준다.

5 홍합치즈덮밥

재료(g) / 몸무게(kg)	소고기	무염치즈	홍 합	아스파라거스	양배추	브로콜리	올리브유
2	26	14	19	10	7	8	0.1
3	33	18	23	12	9	10	0.1
5	39	21	27	14	10	12	0.1
7	57	32	40	21	15	18	0.2

조리 과정

① 소고기를 겉면이 하얗게 변할 때까지 익히고 육수를 남겨 둔다.
② 양배추, 브로콜리, 아스파라거스를 작게 잘라서 완전히 익힌다.
③ 홍합을 작게 잘라서 익힌 다음 무염치즈와 함께 버무린다.
④ 그릇에 ①, ②를 담고 ③을 올린 후 올리브유를 넣는다.
⑤ 고양이의 식성에 따라 ①의 육수를 첨가한다.

포인트 재료

무염치즈는 유제품 알레르기가 있는 고양이에게도 사용할 수 있다. 소화 흡수력이 뛰어나서 어린 고양이에게 부담 없이 줄 수 있다. 자연식 외에 영양 간식으로 활용해도 좋다.

6 소고기달걀스페셜

몸무게(kg) \ 재료(g)	소고기	달걀	다시마	파프리카	당근	캣잎	올리브유	난각
2	21	22	7	15	12	소량	0.1	0.2
3	26	28	8	19	15	소량	0.1	0.2
5	31	33	10	22	18	소량	0.1	0.3
7	46	49	15	33	27	소량	0.2	0.5

조리 과정

① 소고기를 다진 후 겉면이 하얗게 변할 때까지 익힌다.
② 다시마, 파프리카, 당근을 잘게 다져 둔다.
③ 달걀에 물과 ②를 넣어 혼합한다.
④ 팬에 ③을 부어 익힌 후 그릇에 담고 ①을 올린다.
⑤ 캣잎, 올리브유, 난각을 토핑 한다.

포인트 재료

달걀은 필수 아미노산이 풍부한 완전 영양 식품이다. 개에 비해 단백질이 많이 필요한 고양이에게 부족한 단백질을 보충해줄 수 있다. 단, 달걀에는 비타민C가 부족하므로 비타민C가 함유된 식재료와 함께 주면 더욱 균형 잡힌 캣푸드를 제공할 수 있다.

7 찹스테이크

몸무게(kg) \ 재료(g)	소고기	멸치	토마토	파프리카	감자	올리브유
2	21	10	22	15	10	0.1
3	26	12	28	19	12	0.1
5	31	15	33	22	14	0.1
7	46	22	49	33	21	0.2

조리 과정

① 소고기를 정사각형 모양으로 자른다.
② 멸치 내장을 제거하고 끓는 물에 익혀서 2등분 한다.
③ 토마토와 파프리카, 감자를 한입 크기로 자르고 끓는 물에 익힌다.
④ 팬에 올리브유를 두르고 ①을 넣어 겉면이 하얗게 변할 때까지 익힌다.
⑤ ④에 ②, ③을 넣고 1분 정도 익힌다.
⑥ 그릇에 담아낸다.

포인트 재료

토마토는 혈액 정화에 도움을 주는 재료이다. 야채와 과일을 즐기지 않는 고양이에게 열량이 많은 과일은 위장에 부담을 줄 수 있지만, 토마토는 열량이 낮아 소화에 부담이 적다. 하지만 너무 많은 양을 주지 않도록 주의한다.

8 떡갈비

몸무게(kg) \ 재료(g)	소고기	디포리	새싹채소	당 근	올리브유	난 각
2	21	10	3	10	0.1	0.1
3	26	12	4	12	0.1	0.2
5	31	15	5	14	0.1	0.2
7	46	22	7	21	0.2	0.3

조리 과정

① 소고기를 다져놓는다.
② 디포리를 끓는 물에 익힌 후 갈아 둔다.
③ 당근과 새싹채소를 갈아서 물기를 제거한 후, ①과 ②, 올리브유를 넣어 혼합한다.
④ ③을 납작하게 빚어 팬에 익힌다.
⑤ 그릇에 담고 난각을 첨가한다.

포인트 재료

디포리는 불포화지방산이 풍부한 재료이다. 평소 허약하거나 질병에 자주 노출되는 고양이에게 도움이 된다. 디포리에 함유된 칼슘은 체내 흡수가 잘된다는 장점이 있으므로 자연식과 간식에 두루 활용하면 좋다.

9 팽이버섯말이

몸무게(kg) \ 재료(g)	소고기	가쓰오부시	팽이버섯	새싹채소	참기름	난 각
2	37	6	26	3	0.1	0.3
3	46	7	32	4	0.1	0.4
5	55	9	38	5	0.1	0.4
7	81	13	56	7	0.2	0.7

조리 과정

① 팽이버섯을 반으로 자른 후 참기름과 함께 굽는다.
② 소고기를 길게 잘라서 준비한다.
③ ②에 ①과 새싹채소를 넣고 돌돌 만다.
④ 팬에 소고기를 겉면이 하얗게 변할 때까지 굽는다.
⑤ ④를 그릇에 담고 가쓰오부시와 난각을 올린다.

포인트 재료

가쓰오부시는 단백질로 활용할 수 있다. 하지만 염분이 높을 수 있으므로 적은 양을 사용해야 한다. 고양이의 입맛을 돋우는 데 도움이 되며 신진 대사 촉진에 좋다. 캣푸드로 활용하기에 좋은 재료이다.

10 홍합애플스튜

몸무게(kg) \ 재료(g)	소안심	홍 합	양배추	만송이버섯	사 과	올리브유	난 각
2	20	9	12	16	13	0.1	0.2
3	25	11	15	20	17	0.1	0.2
5	29	13	17	24	20	0.1	0.3
7	44	20	26	36	30	0.2	0.4

조리 과정

① 홍합을 잘게 잘라 끓는 물에 익힌다.
② 양배추와 만송이버섯을 갈아서 익힌다.
③ 소안심을 다져서 준비한다.
④ 사과를 곱게 갈아서 냄비에 넣고 끓기 시작하면 ②와 ③을 넣어 익힌다.
⑤ 그릇에 ④를 담고 홍합과 올리브유, 난각을 올린다.

포인트 재료

유연한 몸놀림을 자랑하는 고양이에게는 관절과 뼈 건강이 매우 중요하다. 홍합은 영양이 풍부한 재료로, 고양이의 뼈와 관절 건강에 매우 유익하며 체력 보강에 도움이 된다. 일반 홍합을 사용해도 무방하지만 초록입홍합을 사용하면 영양 가치가 높아진다.

11 소고기장조림

재료(g) / 몸무게(kg)	소고기	다시마	표고버섯	단호박	캐롭파우더	올리브유	난각
2	43	35	13	13	소량	0.1	0.4
3	52	43	16	16	소량	0.1	0.5
5	62	51	19	19	소량	0.1	0.6
7	92	76	28	28	소량	0.2	0.8

조리 과정

① 표고버섯과 단호박을 작게 잘라서 익힌다.
② 다시마를 잘게 잘라놓는다.
③ 냄비에 물과 함께 소고기, 캐롭파우더, 잘게 자른 다시마를 넣고 졸인다.
④ ③의 고기를 잘게 찢는다.
⑤ 그릇에 ③을 담고 ①을 올린 후 올리브유와 난각을 첨가한다.

포인트 재료

캐롭은 초콜릿 향이 나는 식물이지만, 케롭파우더에는 초콜릿 성분이 전혀 함유되지 않았다. 캐롭파우더는 고양이의 장 건강에 도움이 되며 다양하게 활용할 수 있다. 고양이가 갑자기 원인 모를 설사를 할 때 캐롭파우더를 넣은 음식을 주면 도움이 된다.

식재료 꿀팁!
소고기

소고기는 고양이마다 호불호가 나눠질 수 있다. 완전하게 익힌 소고기를 좋아하는 고양이도 있고 살짝 익힌 소고기를 더 좋아하는 고양이도 있다. 대부분의 고양이는 살짝 익힌 소고기를 좋아하지만 이런 경우 고기의 신선도에 따라 음식의 질이 달라질 수 있다. 따라서 소고기를 고를 때는 신선도에 주의해야 한다. 소고기는 닭고기에 비해 지방이 높은 편이고 소화가 더딜 수 있다. 하지만 소고기는 철분과 필수 아미노산이 풍부하여 고양이의 3대 영양소로 활용하기에 적합하다.
수입산 소고기를 사용할 경우 호주산을 추천하며 부위로는 홍두깨살, 등심 등을 추천한다. 소고기를 고양이 화식으로 조리할 때 장시간 가열하면 육질이 질겨지므로 조리 시간에 주의하는 것이 매우 중요하다.

고양이가 자연식을
받아들일 때까지 배려하고 기다리자.
이 모든 과정을 느끼게 해주는 것이
고양이만의 매력이다.

4 chapter

돼지고기를 활용한 자연식

1) 돼지콩나물볶음
2) 에너지활성잡채
3) 이탈리안캣푸드
4) 돼지민밥
5) 메추리알토란특식

 돼지콩나물볶음

몸무게(kg) \ 재료(g)	돼지고기	디포리	양배추	콩나물	캣 잎	참기름	난각
2	14	10	12	11	소량	0.1	0.1
3	18	12	15	14	소량	0.1	0.1
5	21	15	17	17	소량	0.1	0.1
7	32	22	26	25	소량	0.2	0.2

조리 과정

① 돼지고기를 작게 자른 후 완전히 익힌다.
② 디포리를 끓는 물에 익히고 육수를 남겨 둔다.
③ 양배추와 콩나물을 작게 자르고 참기름과 함께 팬에 볶는다.
④ ③이 익으면 ①과 ②를 넣고 살짝 더 볶는다.
⑤ 그릇에 ④를 담고 난각을 올린다.
⑥ 고양이의 취향에 따라 ②의 육수를 첨가한다.

포인트 재료

돼지고기는 지방이 적은 뒷다리살을 활용하면 좋다. 비타민B1이 풍부하여 자양 강장 효과가 있다. 단, 돼지고기를 고양이에게 생으로 제공하면 부작용이 생기므로 반드시 익혀서 준다. 기호성을 높이고 싶다면 돼지안심을 사용해도 좋다.

2 에너지활성잡채

몸무게(kg) \ 재료(g)	돼지고기	가쓰오부시	브로콜리	감 자	파프리카	올리브유	난각
2	26	6	23	20	6	0.1	0.2
3	32	7	28	24	7	0.1	0.3
5	38	8	33	29	9	0.1	0.3
7	56	13	49	43	13	0.2	0.5

조리 과정

① 돼지고기와 감자, 파프리카, 브로콜리를 얇게 채 썬다.
② 돼지고기를 완전히 익을 때까지 볶는다.
③ 감자, 파프리카, 브로콜리를 올리브유와 함께 볶는다.
④ ③이 볶아지면 ②를 넣고 한 번 더 볶은 후, 그릇에 담아낸다.
⑤ 가쓰오부시와 난각을 올린다.

포인트 재료

감자는 식감이 부드러워 비교적 좋은 식재료지만 탄수화물을 많이 섭취하지 않아도 되는 고양이의 영양 특성상 많은 양이 필요하지 않다. 따라서 단일 영양소로를 주는 간식으로는 적합하지 않다. 나트륨 배출에 도움이 되므로 가끔 적은 양을 주는 것이 좋다.

이탈리안캣푸드

몸무게(kg) \ 재료(g)	돼지고기	멸 치	무염치즈	녹 두	토마토	올리브유	난각
2	22	5	7	2	22	0.1	0.1
3	27	6	9	3	28	0.1	0.1
5	32	7	10	3	33	0.1	0.1
7	48	11	16	5	49	0.2	0.2

조리 과정

① 돼지고기를 작게 잘라놓는다.
② 멸치 내장을 손질한 후 끓는 물에 익힌다.
③ 녹두를 충분히 익히고 토마토 껍질을 제거한다.
④ 오븐 용기에 돼지고기, 멸치를 넣고 ③을 올린 후 무염치즈를 올린다.
⑤ ④에 올리브유를 넣고 오븐을 예열한 후 200도에서 8분 정도 굽는다.
⑥ ⑤를 그릇에 담고 난각을 토핑 한다.

포인트 재료

녹두는 필수 아미노산의 일종인 라이신 등이 풍부하여 성장기 고양이에게 도움이 된다. 단, 적은 양을 반드시 익혀서 줘야 한다. 고양이의 특식 재료로 활용할 수 있다.

4 돼지민밥

재료(g) 몸무게(kg)	돼지고기	황 태	아스파라거스	양송이버섯	파프리카	올리브유	난각
2	18	6	13	15	9	0.1	0.2
3	22	8	16	19	11	0.1	0.3
5	27	9	19	22	13	0.1	0.4
7	40	14	29	33	20	0.2	0.5

조리 과정

① 돼지고기를 갈아 둔다.
② 황태를 작게 잘라 물에 끓여서 염분을 제거한다.
③ 아스파라거스, 양송이버섯, 파프리카를 작게 다진다.
④ ②와 ③을 팬에 넣고 올리브유를 두른 후 수분이 없어질 때까지 볶는다.
⑤ ④에 ①을 넣고 돼지고기를 완전히 익힌다.
⑥ 그릇에 완성된 재료를 담고 난각을 토핑 한다.

포인트 재료

식물성 단백질 함량이 높은 양송이버섯은 소화 기능을 개선시킨다. 영양소를 제공하는 것은 물론 고양이의 소화를 돕는다. 단, 버섯은 매우 질기므로 고양이가 쉽게 소화할 수 있는 크기로 잘라서 완전히 익힌 후에 준다.

5 메추리알토란특식

몸무게(kg) \ 재료(g)	돼지고기	메추리알	가쓰오부시	상 추	토 란	아마씨유	난각
2	22	10	6	20	5	0.1	0.2
3	27	12	8	24	6	0.1	0.2
5	32	14	9	28	8	0.1	0.3
7	48	21	13	42	11	0.2	0.4

조리 과정

① 메추리알을 삶아서 한입 크기로 잘라놓는다.
② 돼지고기를 갈아 둔다.
③ 토란과 상추를 잘게 다진 다음 ②를 넣어 충분히 익힌다.
④ 그릇에 ③을 담고 ①을 올린 다음 아마씨유와 난각을 토핑 한다.

상추에는 비타민과 무기질이 풍부하게 들어 있다. 풀을 좋아하는 고양이에게 활용하기 좋은 안정적인 재료이다. 그 외에 비타민과 무기질 보충이 필요할 때 활용하면 좋다.

예로부터 개와 고양이에게 돼지고기는 주지 말아야 한다는 속설이 있었다. 이유는 정확하지 않지만 많은 지방과 영양 불균형을 초래할 수 있다는 이유로 금기시되어 온 듯하다. 하지만 최근에는 돼지고기를 가공한 사료와 간식 등의 펫푸드가 많이 등장하고 있다.

돼지고기를 잘못 조리하여 고양이에게 주면 매우 위험하지만 제대로 조리해 주면 저렴한 가격에 풍부한 영양을 제공할 수 있다. 돼지고기에는 포화 지방산도 풍부하지만 불포화 지방산도 풍부하다. 따라서 기호성이 높고 피부 건강을 유지하는 데 도움이 된다. 반려묘가 닭고기를 먹지 않는다면 대체 식재료로 돼지고기를 활용해도 좋다. 하지만 지방이 많은 삼겹살과 같은 부위는 오히려 문제가 생길 수 있으므로 앞다리살, 뒷다리살, 안심 등을 상황에 맞게 활용하자.

고양이가 자연식을

받아들일 때까지 배려하고 기다리자.

이 모든 과정을 느끼게 해주는 것이

고양이만의 매력이다.

5 chapter

양고기를 활용한 자연식

1) 램콩비지찌개
2) 양고기감자샐러드
3) 오트밀달갈국
4) 양고기브로콜리영양스프
5) 프리타타

1 램콩비지찌개

재료(g) / 몸무게(kg)	양고기	가쓰오부시	콩비지	양상추	케 일	올리브유	난각
2	32	6	10	21	14	0.1	0.1
3	40	7	12	26	17	0.1	0.1
5	47	9	15	31	21	0.1	0.1
7	70	13	22	46	31	0.2	0.2

조리 과정

① 냄비에 물과 콩비지, 가쓰오부시를 넣고 끓인다.
② 양상추와 케일을 작게 자른 후 ①이 끓으면 넣는다.
③ 양고기를 다져서 ②에 넣고 익을 때까지 끓인다.
④ 완성된 재료를 그릇에 담고 올리브유와 난각을 첨가한다.

포인트 재료

비지는 두부를 가공하고 남은 찌꺼기지만 영양 가치가 높다. 부드러운 식감을 좋아하는 고양이에게 적합하며, 더불어 영양분을 제공할 수 있다. 하지만 식물성이므로 동물성 단백질과 함께 주는 것이 좋다.

2 양고기감자샐러드

재료(g) / 몸무게(kg)	양고기	멸 치	감 자	브로콜리	팽이버섯	올리브유
2	21	10	10	23	8	0.1
3	26	12	12	28	10	0.1
5	31	15	14	33	12	0.1
7	46	22	21	49	18	0.2

조리 과정

① 감자와 브로콜리를 한입 크기로 잘라서 삶는다.
② 양고기를 한입 크기로 자른 후 표면이 하얗게 될 때까지 끓여 익히고 육수를 남겨 둔다.
③ 내장을 손질한 멸치를 삶아서 익힌다.
④ 팽이버섯을 작게 잘라 둔다.
⑤ 팬에 올리브유를 두른 후 ③, ④를 볶는다.
⑥ 그릇에 완성된 재료를 담는다.
⑦ 고양이의 취향에 따라 육수를 넣는다.

포인트 재료

양고기는 따뜻한 성질을 지니고 있어 추위에 민감한 고양이에게 좋다. 지방 연소를 돕고 L-카르니틴이 풍부하여 우수한 단백질 재료로 활용할 수 있다. 양고기의 단백질은 비만인 고양이에게 좋다.

3 오트밀달걀국

재료(g) / 몸무게(kg)	양고기	달걀	멸치	오트밀	당근	브로콜리	파슬리가루	올리브유	난각
2	16	17	5	2	7	14	0.5	0.1	0.1
3	20	21	6	3	9	17	0.6	0.1	0.1
5	23	25	7	3	11	21	0.7	0.1	0.1
7	35	37	11	4	16	31	1	0.2	0.2

조리 과정

① 멸치 내장을 손질하여 끓는 물에 익힌 후 다진다.
② 양고기를 갈아서 ①과 오트밀을 넣고 한입 크기로 빚는다.
③ 당근, 브로콜리를 한입 크기로 잘라 둔다.
④ 냄비에 물을 넣고 ②와 ③을 넣고 익힌 다음 달걀 물을 푼다.
⑤ 그릇에 ④의 재료를 담고 파슬리가루와 올리브유, 난각을 토핑 한다.

포인트 재료

1세 이하의 어린 양고기를 '램', 1세 이상의 양고기를 일반 '양고기'라고 한다. 고양이 펫푸드에서는 '램', '양고기'를 구분하여 표기한 경우가 많으니 참고하도록 하자. 일반적으로 캣푸드에서는 램을 더 많이 활용하는 편이다.

4 양고기브로콜리영양스프

몸무게(kg) \ 재료(g)	양고기	디포리	가쓰오부시	블루베리	브로콜리	아마씨유	난각
2	27	7	6	9	14	0.1	0.2
3	33	9	7	11	17	0.1	0.2
5	39	11	9	13	21	0.1	0.3
7	58	16	13	20	31	0.2	0.4

조리 과정

① 브로콜리를 갈아놓는다.
② 디포리를 끓는 물에 익히고 육수를 남겨 둔다.
③ 양고기를 한입 크기로 자른 후 표면이 하얗게 될 때까지 익힌다.
④ ③에 ①을 넣고 걸쭉하게 끓인 후 가쓰오부시를 넣는다.
⑤ 그릇에 ④를 담고 디포리와 블루베리, 아마씨유, 난각을 토핑 한다.
⑥ 고양이의 식성에 따라 육수를 첨가한다.

포인트 재료

블루베리는 안구 건강에 도움을 주는 재료로 안구 관리가 중요한 고양이에게 강력하게 추천한다. 항산화 기능이 있고 세포 활성과 생성을 보조해준다. 생으로 주면 먹지 않는 고양이가 많으므로 작게 잘라서 살짝 익혀 준다.

5 프리타타

몸무게(kg) \ 재료(g)	양고기	소 간	달걀	케일	배	올리브유	난각
2	21	17	11	14	8	0.1	0.1
3	26	21	14	17	10	0.1	0.2
5	31	26	16	20	12	0.1	0.2
7	46	38	24	30	18	0.2	0.3

조리 과정

① 양고기와 소 간을 한입 크기로 자른다.

② 케일과 배를 작게 잘라 둔다.

③ 냄비에 ①을 담고 완전히 익으면 ②를 올리고 익힌다.

④ 달걀 물을 만들어 ③에 올린 후 익힌 다음 올리브유와 난각을 토핑 한다.

⑤ 완성된 재료를 그릇에 담는다.

포인트 재료

소 간은 비타민A가 풍부하여 안구 건강과 시력에 도움을 준다. 하지만 고양이는 비타민A가 과다할 경우 부작용이 생길 수 있으므로 다른 식재료와 혼합하여 적정량을 주는 것이 좋다. 장기류는 신선한 재료를 고르는 것이 좋다.

식재료 꿀팁!
양고기

양고기는 비만인 고양이에게 좋은 육류 다이어트 식품이다. 양고기의 따뜻한 성질이 고양이의 건강 유지에 도움이 되기도 한다. 고양이는 따뜻한 음식을 좋아하고 따뜻한 환경을 선호하는 경향이 있다. 따라서 음식에서도 양고기를 활용하면 고양이가 좋아하는 식단을 기대해볼 수 있다. 특히 임신, 수유 중인 고양이에게 양고기는 모유에 도움을 주므로 더욱 잘 적용할 수 있다. 양고기에는 L-카르니틴이라는 영양소가 풍부하다. L-카르니틴은 나이와 비례하여 소모되는 영양소로 노령의 고양이에게 더욱 부족하기 쉽다. 대부분 육식을 하는 고양이는 채내에서 L-카르니틴을 소량씩 만들어낼 수 있다. 따라서 결핍되지 않도록 평소에 관리해주는 것이 좋다.

고양이가 자연식을

받아들일 때까지 배려하고 기다리자.

이 모든 과정을 느끼게 해주는 것이

고양이만의 매력이다.

6 chapter

생선을 활용한 자연식

1) 밸런스자연식 2) 연어고구마자연식 3) 꽁치구이 4) 멸치무침 5) 참치오이밥
6) 디포리야채찜 7) 고등어치즈구이 8) 방어특식 9) 송어치즈자연식 10) 멸치스크럼블
11) 대구야채전골 12) 대구완자 13) 대구근대스프 14) 면역력리조또 15) 고양이연어초밥
16) 방어강낭콩조림 17) 뱅어죽 18) 체력튼튼빙어찜 19) 빙어구이 20) 연어절임 21) 참치토란강정

밸런스자연식

재료(g) / 몸무게(kg)	대구 순살	닭 심장	아스파라거스	무	케일	올리브유	난각
2	21	21	33	26	14	0.1	0.2
3	26	25	41	32	17	0.1	0.2
5	31	30	49	38	21	0.1	0.3
7	46	45	73	56	31	0.2	0.4

조리 과정

① 대구 순살과 닭 심장을 얇게 자른다.
② 아스파라거스와 케일을 작게 자르고, 무를 얇게 저며 둔다.
③ 대구 순살과 닭 심장이 완전히 익을 때까지 팬에 굽는다.
④ ②를 끓는 물에 살짝 데친다.
⑤ 그릇에 ③과 ④를 담고 올리브유와 난각을 토핑 한다.

포인트 재료

닭 심장은 닭의 염통 부위로, 비타민A와 비타민B군이 풍부한 양질의 단백질 식품이다. 고양이에게 질 높은 영양소를 다양하게 적용할 수 있다. 가격이 저렴하여 자연식은 물론 간식으로 활용하기에 좋다.

2 연어고구마자연식

몸무게(kg) \ 재료(g)	연어	소 간	고구마	양상추	파슬리가루	참기름	난각
2	22	26	3	21	1.3	0.1	0.3
3	27	32	4	26	1.5	0.1	0.4
5	33	39	4	31	2	0.1	0.4
7	48	57	6	46	3	0.2	0.6

조리 과정

① 소 간을 정사각형으로 잘라서 완전히 익을 때까지 팬에 굽는다.
② 연어를 한입 크기로 잘라서 노릇노릇할 때까지 굽는다.
③ 양상추를 작게 잘라 두고 고구마를 으깨서 혼합한다.
④ 그릇에 ①, ②를 담고 ③을 올린 후 파슬리가루, 참기름, 난각을 토핑 한다.

포인트 재료

파슬리에는 비타민과 칼슘이 풍부하다. 항산화 기능을 지니고 있어 노령이나 중령기에 접어든 고양이에게 활용하면 좋다. 단, 소량을 사용해야 하며 식감의 영향을 많이 받는 고양이에게는 가루로 만들어 준다.

3 꽁치구이

재료(g) / 몸무게(kg)	꽁 치	브로콜리	무	파슬리가루	올리브유	난 각
2	44	28	26	1.3	0.1	0.2
3	54	35	32	1.6	0.1	0.3
5	64	42	38	2	0.1	0.4
7	95	62	56	3	0.2	0.5

조리 과정

① 꽁치를 끓는 물에 끓여서 염분을 제거해 둔다.
② 브로콜리와 무를 작게 잘라서 데친다.
③ 준비된 꽁치를 먹기 좋게 자른 후 팬에 올리브유와 함께 굽는다.
④ 그릇에 ③을 담고 ②를 올린 후 파슬리가루와 난각을 넣는다.

포인트 재료

비타민B12가 풍부한 꽁치는 고양이에게 유익한 영양분을 제공한다. 신경계에 도움이 되는 DHA, EPA 등이 풍부하며 필수 지방산 공급이 필요한 고양이에게 추천한다. 단, 가시를 발라내고 준다.

멸치무침

몸무게(kg) \ 재료(g)	멸 치	무	새싹채소	새송이버섯	올리브유	사과식초
2	20	26	7	26	0.1	0.04
3	25	32	8	32	0.1	0.05
5	30	38	10	39	0.1	0.06
7	44	56	15	57	0.2	0.09

조리 과정

① 내장을 제거한 멸치를 찬 물에 20~30분가량 담가 둔다.
② 새송이버섯과 무를 다진다.
③ 끓는 물에 ②를 넣어 익힌다.
④ 팬에 ①의 멸치와 ③을 넣고 올리브유와 함께 살짝 볶는다.
⑤ ④에 사과식초를 넣어 무친 후 새싹채소를 토핑 하고 그릇에 담아낸다.

포인트 재료

사과식초는 신맛이 강해서 식초의 향을 없애고 준다. 하지만 소량의 사과식초를 활용한 캣푸드는 고양이의 체내 유해균을 없애는 데 도움을 주므로 유익하다.

5 참치오이밥

몸무게(kg) \ 재료(g)	참 치	락토프리우유	마	오 이	아마씨유	난 각
2	37	24	15	55	0.1	0.1
3	46	29	19	68	0.1	0.2
5	54	35	23	81	0.1	0.2
7	80	51	34	120	0.2	0.3

조리 과정

① 참치를 정사각형 모양의 한입 크기로 자른다.
② 마와 오이를 얇게 저민다.
③ 락토프리우유에 ①의 참치와 마를 넣어 익힌다.
④ ③을 그릇에 담아내고 오이, 아마씨유, 난각을 첨가한다.

포인트 재료

고양이는 타우린이 부족하면 눈 건강에 부정적인 영향을 줄 수 있다. 타우린 결핍을 예방하기 위해 참치 같은 생선을 주기적으로 주는 것이 좋다. 참치는 에너지 향상과 뇌 기능 발달에도 유익하다.

6 디포리야채찜

몸무게(kg) \ 재료(g)	디포리	당근	파프리카	무	올리브유
2	30	12	15	26	0.1
3	37	15	19	32	0.1
5	44	18	22	38	0.1
7	65	27	33	56	0.2

조리 과정

① 디포리를 찬물에 30분가량 담가 둔다.
② 당근과 파프리카, 무를 한입 크기로 자른다.
③ 찜기에 ①의 디포리와 ②를 넣고 찐다.
④ ③을 그릇에 담아내고 올리브유를 올린다.

포인트 재료

무는 고양이의 건강한 생활을 유지하는 데 도움이 된다. 단, 매운 맛을 지니고 있으므로 생으로 주면 고양이에게 도움이 되지 않으니 반드시 익혀서 준다.

고등어치즈구이

몸무게(kg) \ 재료(g)	고등어	무염치즈	토마토	콜리플라워	파슬리가루	아마씨유	난각
2	17	11	22	36	소량	0.1	0.2
3	21	13	28	45	소량	0.1	0.2
5	25	16	33	53	소량	0.1	0.2
7	36	24	49	79	소량	0.2	0.4

조리 과정

① 고등어를 완전히 익을 때까지 팬에 굽는다.
② 토마토와 콜리플라워를 먹기 좋은 크기로 자른다.
③ 팬에 ②를 넣고 구운 다음 아마씨유를 넣는다.
④ 그릇에 고등어와 야채를 담고 무염치즈와 파슬리가루를 토핑 한다.
⑤ 난각을 첨가한다.

포인트 재료

고등어는 손쉽게 구할 수 있는 유용한 캣푸드 재료이다. 저렴하지만 영양가가 높아 고양이에게 주기적으로 주면 양질의 영양소를 공급할 수 있다. 몸통 가운데 부분의 살을 주는 것이 좋다. 염분이 높을 수 있으므로 끓는 물에 살짝 데친 후 굽는다.

8 방어특식

몸무게(kg) \ 재료(g)	방 어	건미역	무	근 대	오트밀	올리브유	난각
2	21	3	26	7	4	0.1	0.1
3	26	3	32	9	5	0.1	0.1
5	31	4	38	11	6	0.1	0.1
7	46	6	56	16	8	0.2	0.2

조리 과정

① 방어가 완전히 익을 때까지 물에 끓여 익힌 다음 살을 풀어준다.
② 무와 근대를 얇게 잘라 둔다.
③ 냄비에 물을 넣고 미역, 오트밀을 넣어 익힌 다음 ②를 넣고 익힌다.
④ 그릇에 방어와 ③을 담아내고 올리브유와 난각을 첨가한다.

포인트 재료

방어는 모유 수유 중이거나 임신 중인 고양이에게 좋은 재료이다. 양질의 영양소를 함유하고 있어 영양 공급이 많이 필요한 경우 활용할 수 있다. 제철 방어로 특식을 만들어주면 좋다.

9 송어치즈자연식

몸무게(kg) \ 재료(g)	송 어	무염치즈	블루베리	양배추	참기름	난 각
2	36	14	9	12	0.1	0.2
3	44	18	11	15	0.1	0.3
5	53	21	13	17	0.1	0.3
7	78	32	20	26	0.2	0.5

조리 과정

① 송어를 작게 잘라 참기름에 굽는다.
② 무염치즈와 블루베리를 혼합하여 버무려 둔다.
③ 양배추를 한입 크기로 자르고 끓는 물에 익혀서 건져낸다.
④ 그릇에 ①, ②, ③을 담고 난각을 토핑 한다.

포인트 재료

송어는 불포화 지방산이 풍부하여 고양이의 신진 대사를 촉진하는 데 도움이 된다. 송어에 함유된 단백질은 면역력을 키워주는 데 유용하며 간식으로 으뜸이다. 필렛으로 구입하여 자연식 및 간식에 골고루 사용해보자.

10 멸치스크럼블

몸무게(kg) \ 재료(g)	멸 치	달 걀	당 근	콜리플라워	갈 분	아마씨유
2	20	5	12	22	0.1	0.1
3	25	7	15	28	0.1	0.1
5	30	8	18	33	0.1	0.1
7	44	12	27	49	0.2	0.2

조리 과정

① 내장을 제거한 멸치를 물에 한번 끓여서 건져낸 다음 잘게 다진다.
② 당근과 콜리플라워를 작게 다진다.
③ 팬에 ①과 ②를 넣고 달걀을 넣은 다음 스크럼블 한다.
④ ③이 완성되면 갈분을 넣고 혼합한다.
⑤ 그릇에 완성된 재료를 담고 아마씨유를 넣는다.

포인트 재료

콜리플라워는 엽산 등 미네랄이 풍부한 재료이다. 식이섬유도 양배추보다 많이 함유되어 변비로 고생하는 고양이에게 도움이 된다. 단, 잘 익히지 않으면 소화가 어려울 수 있으므로 완전히 익힌다.

11 대구야채전골

재료(g) / 몸무게(kg)	대구 순살	당 근	무	상 추	아마씨유	난 각
2	50	25	26	19	0.1	0.3
3	61	30	32	24	0.1	0.4
5	73	36	38	28	0.1	0.4
7	107	54	56	42	0.2	0.6

조리 과정

① 대구 순살을 물과 함께 끓여서 익힌다.
② 당근과 무를 1cm 크기로 잘라 ①에 넣어 익힌다.
③ 그릇에 완성된 재료를 담고 상추를 작게 잘라 넣는다.
④ 아마씨유와 난각을 토핑 한다.
⑤ 육수를 고양이의 취향에 맞게 조절한다.

포인트 재료

칼로리가 낮은 녹황색 야채는 고양이에게 비타민을 보충해준다. 활동량이 적어 비만인 고양이에게 포만감을 채워주는 데 좋다. 야채를 먹는 습관을 길러주어 더욱 건강하게 보살피자.

12 대구완자

몸무게(kg) \ 재료(g)	대구 순살	달걀	톳	무	캣잎	참기름
2	28	22	13	25	소량	0.1
3	35	28	17	32	소량	0.1
5	40	33	20	38	소량	0.1
7	60	49	29	55	소량	0.2

조리 과정

① 대구를 끓는 물에 넣어 염분이 제거될 때까지 삶는다.
② 톳과 무를 잘게 다져서 끓는 물에 익힌다.
③ 믹싱볼에 ①과 ②, 달걀을 넣은 다음, 완자 모양으로 만든다.
④ 팬에 참기름을 두르고 ③을 굽는다.
⑤ 그릇에 완성된 요리를 담고 캣잎을 올린다.

포인트 재료

캣잎은 '개박하'라고도 부른다. 고양이에게 신경 안정과 식욕 증진 효과가 있고, 우울증 회복에 도움이 된다. 심각한 중독 현상이 없는 안전한 식물이지만 자주 활용하면 내성이 생겨서 효능이 떨어질 수 있다. 매일 주는 것보다는 특별한 날에 주는 것이 더 효율적이다.

13 대구근대스프

몸무게(kg) \ 재료(g)	대구 순살	무	아스파라거스	근 대	아마씨유	난 각
2	32	13	10	8	0.1	0.4
3	39	16	12	10	0.1	0.5
5	47	19	14	11	0.1	0.6
7	69	28	21	16	0.2	0.9

조리 과정

① 무를 갈아 둔다.
② 아스파라거스와 근대를 작게 다진다.
③ 끓는 물에 대구 순살을 삶고 살을 풀어준다.
④ 냄비에 ①과 ②를 넣고 재료가 익으면 ③의 대구 순살을 넣는다.
⑤ 그릇에 ④를 담고 아마씨유와 난각을 토핑 한다.

아마씨유는 리놀레산이 함유되어 있어 필수 지방산을 제공하는 데 유용한 식재료이다. 고양이의 식사 때마다 주면 혈관 관리와 혈액 건강에 도움이 된다. 단, 가열하면 성분이 파괴되니 마지막에 넣는다.

14 면역력리조또

몸무게(kg) \ 재료(g)	대구 순살	달걀	배추	녹두	만송이버섯	아마씨유	난각
2	28	22	13	2	6	0.1	0.3
3	35	28	16	3	8	0.1	0.4
5	41	33	20	4	10	0.1	0.4
7	61	49	29	5	14	0.2	0.6

조리 과정

① 대구 순살을 한입 크기로 자르고 끓는 물에 익혀서 염분을 제거한다.
② 배추와 만송이버섯을 작게 다진다.
③ 냄비에 물을 넣고 ②와 녹두를 넣은 후 익힌다.
④ 오븐용 그릇에 ③과 ①의 대구를 담고 달걀을 풀어준다.
⑤ 예열된 오븐에서 200도로 약 8분 정도 굽는다.
⑥ 그릇에 담고 아마씨유와 난각을 토핑 한다.

포인트 재료

대구 순살은 타우린이 풍부한 재료이다. 또한 칼로리가 높지 않아 비만인 고양이에게 포만감을 준다. 면역력이 떨어진 고양이에게 대구를 주면 면역력을 증진하는 데 도움이 된다. 조리 시 신선도가 떨어질 수 있으므로 되도록 빨리 조리하는 것이 좋다.

15 고양이연어초밥

몸무게(kg) \ 재료(g)	연어	단호박	파프리카	파슬리가루	요거트	올리브유	난각
2	45	26	9	0.5	소량	0.1	0.3
3	55	32	11	0.6	소량	0.1	0.4
5	66	38	13	0.7	소량	0.1	0.5
7	97	56	20	1	소량	0.2	0.7

조리 과정

① 단호박과 파프리카를 익혀서 으깨고 다진다.
② 연어를 얇게 잘라서 올리브유와 함께 팬에 굽는다.
③ ①을 초밥 모양으로 만들고 ②의 연어를 올린다.
④ 요거트에 난각을 혼합해 둔다.
⑤ 그릇에 ③을 담고 ④를 올린 후, 파슬리가루를 뿌린다.

포인트 재료

연어는 위를 보호하고 혈액 순환에 도움이 된다. 양질의 지방이 함유되어 고양이의 피부와 모질 건강에 도움이 된다. 연어와 같은 생선에 익숙하지 않은 고양이는 서서히 익숙해지도록 시간을 주자.

16 방어강낭콩조림

몸무게(kg) \ 재료(g)	방 어	강낭콩	아스파라거스	블루베리	아마씨유	난 각
2	20	4	20	7	0.1	0.1
3	25	5	25	9	0.1	0.1
5	30	7	29	11	0.1	0.1
7	44	10	43	16	0.2	0.2

조리 과정

① 강낭콩과 블루베리를 갈아놓는다.
② 냄비에 ①을 넣고 걸쭉해질 때까지 익혀 둔다.
③ 아스파라거스를 작게 잘라 둔다.
④ 방어를 한입 크기로 잘라놓는다.
⑤ 냄비에 물과 함께 ③, ④를 넣고 익힌 후 그릇에 담고 ②를 올린다.
⑥ 아마씨유와 난각을 첨가한다.

포인트 재료

강낭콩은 체내 노폐물 발생이 적은 식재료이다. 식물성 재료를 즐겨 먹지 않는 고양이에게 가끔 주면 영양 밸런스를 잡는 데 도움이 된다. 고양이의 간 건강을 위해 자연식을 챙겨주고 싶다면 강낭콩을 활용해보자. 단, 동물성 단백질과 함께 활용하도록 한다.

17 뱅어죽

재료(g) / 몸무게(kg)	뱅 어	소 간	양배추	브로콜리	크랜베리	올리브유	난각
2	12	11	7	14	3	0.1	소량
3	15	14	9	17	4	0.1	소량
5	18	17	10	21	5	0.1	소량
7	27	25	15	31	7	0.2	소량

조리 과정

① 양배추와 브로콜리를 갈아놓는다.
② 소 간을 다져서 끓는 물에 익혀 둔다.
③ 냄비에 물과 ①을 넣고 걸쭉해질 때까지 익힌다.
④ ③에 ②와 뱅어를 넣고 익힌다.
⑤ 그릇에 ④를 담고 크랜베리와 올리브유를 올린다.

포인트 재료

브로콜리는 장을 깨끗하게 해주어 고양이의 소화기계에 도움이 된다. 단, 생으로 주지 말고 익혀서 주는 것이 좋다. 하지만 호르몬이나 내분비계 질환이 있는 고양이에게는 주의하여 준다.

18 체력튼튼빙어찜

몸무게(kg) \ 재료(g)	빙 어	메추리알	양송이버섯	콜리플라워	올리브유	난 각
2	25	20	26	45	0.1	0.4
3	30	24	32	56	0.1	0.4
5	36	29	38	67	0.1	0.5
7	54	43	56	98	0.2	0.8

조리 과정

① 메추리알을 삶아서 완전히 익힌다.
② 양송이버섯과 콜리플라워를 얇게 자른다.
③ 빙어를 먹기 좋게 자른다.
④ 찜기에 ②와 ③을 넣어서 완전히 익을 때까지 찐다.
⑤ 다 익은 ④를 그릇에 담고 ①의 메추리알을 잘라서 올린다.
⑥ 올리브유와 난각을 첨가한다.

포인트 재료

빙어는 필수 아미노산이 풍부하고 항산화에 도움이 되는 식재료이다. 고양이는 물론 개에게도 유용하다. 단백질이 풍부하지만 소화기계에 부담을 주지 않아서 간식으로 활용해도 좋다.

19 빙어구이

몸무게(kg) \ 재료(g)	빙 어	비 트	콜리플라워	갈 분	올리브유	난 각
2	50	15	22	0.1	0.1	0.3
3	61	18	28	0.1	0.1	0.4
5	73	20	33	0.1	0.1	0.5
7	108	32	49	0.1	0.2	0.7

조리 과정

① 비트를 갈아놓는다.
② 콜리플라워를 작게 다진다.
③ 냄비에 ①과 ②를 넣고 익힌다.
④ 팬에 빙어를 완전히 굽고 한입 크기로 잘라 올리브유를 올린다.
⑤ ④를 그릇에 담고 ③을 부은 다음 난각을 토핑 한다.

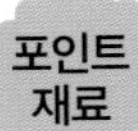

포인트 재료

비트는 해독 작용이 탁월하여 간을 활성화시키는 데 도움이 된다. 하지만 생으로 주면 소화시키는 데 무리가 될 수 있으므로 반드시 익혀서 준다. 소변이 붉게 나올 경우 비트의 천연 색소가 배출되는 것이니 걱정하지 않아도 된다. 이럴 때는 비트의 양을 살짝 줄여서 준다.

20 연어절임

몸무게(kg) \ 재료(g)	연어	표고버섯	케일	무	배	올리브유	난각
2	35	13	14	26	8	0.1	0.2
3	43	16	17	32	10	0.1	0.2
5	51	19	21	38	12	0.1	0.2
7	75	28	30	56	18	0.2	0.4

조리 과정

① 무와 배를 갈아놓는다.
② 연어를 정사각형으로 작게 잘라 둔다.
③ 표고버섯과 케일을 다져서 끓는 물에 익힌다.
④ 팬에 올리브유와 ①, ②를 넣은 후 충분히 익힌다.
⑤ 그릇에 ④를 담고 ③을 올린 후 난각을 토핑 한다.

포인트 재료

배는 수분이 풍부하여 고양이에게 좋은 식재료이다. 소화를 원활하게 해주어 소화기계가 약한 고양이에게 도움이 된다. 또한 이뇨 효과가 있어 비뇨기계에 도움이 된다.

21 참치토란강정

몸무게(kg) \ 재료(g)	참 치	토 란	새송이버섯	파프리카	올리브유	난 각
2	33	10	20	18	0.1	0.4
3	41	13	25	23	0.1	0.4
5	49	15	30	27	0.1	0.5
7	73	23	44	40	0.2	0.7

조리 과정

① 참치를 물에 끓여서 익힌 후 살을 푼다.
② 토란을 삶아서 익힌 후 으깬다.
③ 새송이버섯과 파프리카를 다진다.
④ ①과 ③을 뭉치고 토란을 소량씩 겉에 묻힌다.
⑤ 찜기에 ④를 담아 완전히 익힌다.
⑥ 그릇에 ⑤를 담고 올리브유와 난각을 토핑 한다.

포인트 재료

토란은 고양이가 자주 접할 수 없는 식재료의 하나로, 특식으로 활용하면 좋다. 혈중 콜레스테롤 수치를 낮춰주기 때문에 지질 대사에 이상이 있거나 비만인 고양이에게 더욱 좋다. 적은 양을 완전히 익혀서 주는 것이 중요하다.

고양이는 생선을 좋아하고 강아지는 뼈를 좋아한다는 이야기를 한번쯤 들어보았을 것이다. 사실 고양이가 생선을 좋아한다는 말은 어디에서 유래되었는지 알 수 없지만 고양이는 육식 동물에 가깝다.
고양이에게 타우린은 시력을 유지하고 건강을 유지하는 데 반드시 필요한 영양소이다. 이 타우린은 생선에 많이 들어 있다. 그렇다고 생선이 고양이에게 무조건 좋은 것만은 아니다. 생선을 오랫동안 먹으면 수은과 중금속 등이 고양이의 체내에 쌓일 가능성도 높아지고, 특히 날생선은 티아민이라는 비타민이 결핍될 가능성이 높다. 티아민은 고양이에게 생명과 직결되는 영양소이기 때문에 날생선을 먹는 고양이가 있다면 살짝이라도 익혀 주는 것이 안전하다. 고양이의 건강을 위해 상하지 않은 신선한 생선을 소량씩 익혀 주자.

고양이가 자연식을
받아들일 때까지 배려하고 기다리자.
이 모든 과정을 느끼게 해주는 것이
고양이만의 매력이다.

Q. 자연식을 주는 횟수와 기준이 궁금해요.
Q. 아기 고양이가 너무 많이 먹어요.
Q. 고양이를 여러 마리 키우고 있어요.
Q. 자연식을 보관하는 팁을 알려주세요.
Q. 자연식의 유통기한을 알려주세요.

반려묘 자연식 Q&A

Q. 자연식을 주는 횟수와 기준이 궁금해요.

A. 고양이 자연식은 가급적 시간을 정해서 주는 것이 좋습니다. 성묘의 경우 아침저녁으로 1일 2회가 적당합니다. 하지만 새끼 고양이나 노령의 고양이는 상황에 맞게 조절해야 해요. 설령 규칙적인 횟수로 주지 않는다 해도 반려묘 스스로 나눠 먹는 경우가 대부분입니다. 하지만 음식의 신선도가 중요한 고양이에게는 적합한 방법이 아닙니다. 반려묘만의 식사 리듬이 필요합니다.

Q. 아기 고양이가 너무 많이 먹어요.

A. 아기 고양이는 성묘에 비해 소화기계가 다 발달하지 않아 소화 기능이 미숙할 수 있습니다. 그렇기 때문에 한 번에 많은 양을 주는 것보다 하루에 여러 번 나누어 식사를 제공하는 것이 좋습니다. 성장기 고양이는 성묘보다 더 많은 에너지를 요구합니다. 이 시기에는 단백질을 충분히 제공해주는 것이 바람직합니다.

Q. 고양이를 여러 마리 키우고 있어요.

A. 고양이 여러 마리를 한 가정에서 키우다보면 고양이마다 식습관이 다르다는 것을 금방 알 수 있어요. 각 고양이마다 취향이 어떤지 집사가 알고 있는 것이 좋습니다. 고양이별로 재료를 교체하거나 수분의 가감을 적용해야 할 때가 있기 때문이지요. 성묘와 노묘를 같이 기르는 가정에서 성묘의 식사는 노묘에게 영양 과다가 될 수 있기 때문에 동일하게 적용하지 말아야 합니다.

Q. 자연식을 보관하는 팁을 알려주세요.

A. 자연식을 제공할 때 육류 및 생선과 함께 야채를 혼합하여 주지만 보관할 때는 따로 보관하는 것이 좋습니다. 여러 재료를 혼합 보관하면 신선도에 민감한 고양이의 특성상 음식을 거부할 수 있기 때문이에요.

Q. 자연식의 유통기한을 알려주세요.

A. 고양이 자연식의 유통기한은 최대한 짧은 것이 좋습니다. 특히 단백질의 양이 많기 때문에 냉동 보관하면 향미와 효소가 시간이 흐를수록 감소합니다. 냉동할 경우에는 2주 내에 소진하는 것이 좋고, 냉장 보관할 경우 일주일 이내에 소진할 것을 추천합니다.

망고네 고양이 밥상

발행 | 2020년 6월 30일

지은이 | 박은정
펴낸이 | 장재열
북디자인 | 박서윤

펴낸곳 | 단한권의책
출판등록 | 제251-2012-47호 2012년 9월 14일
주소 | 서울, 은평구 서오릉로 20길 10-6
전화 | 010-2543-5342
팩스 | 070-4850-8021
이메일 | jjy5342@naver.com
블로그 | http://blog.naver.com/only1books

ISBN | 978-89-98697-83-9 13590
값 | 13,000원